坚持力

挺住，就意味着一切

中国人不可不知的成功法则

麦 冬/著

STICK ABILITY

中华工商联合出版社

U0686040

坚持力:挺住,就意味着一切 / 麦冬著. —北京:
中华工商联合出版社,2013.11(2024.1重印)
　ISBN 978-7-5158-0738-6

　Ⅰ.①坚… Ⅱ.①麦… Ⅲ.①成功心理–通俗读
物 Ⅳ.①B848.4-49

　中国版本图书馆 CIP 数据核字(2013)第 216086 号

坚持力:挺住,就意味着一切

作　　者：麦　冬
责任编辑：吕　莺　吴　琼
装帧设计：吴小敏
责任审读：郭敬梅
责任印制：迈致红
出版发行：中华工商联合出版社有限责任公司
印　　刷：河北浩润印刷有限公司
版　　次：2013 年 11 月第 1 版
印　　次：2024 年 1 月第 2 次印刷
开　　本：710mm×1000mm　1/16
字　　数：270 千字
印　　张：16
书　　号：ISBN 978-7-5158-0738-6
定　　价：68.00 元

服务热线：010-58301130
销售热线：010-58302813
地址邮编：北京市西城区西环广场 A 座
　　　　　19-20 层,100044
http://www.chgslcbs.cn
E-mail:cicap1202@sina.com(营销中心)
E-mail:gslzbs@sina.com(总编室)

前 言

1

希腊神话中有一则传说:西西弗斯触犯了众神,诸神便要求他把一块巨石推到山顶,但在即将到达山顶的时候,石头会自动滚下去,于是他只能再次推石上山……日复一日,年复一年。

诸神以为,用这样一种无效又无望的工作,可以消磨西西弗斯的意志,让他自己在绝望中倒下。可是他们错了,西西弗斯在推石的过程中居然找到了乐趣——他用各种方式推石上山,他觉得自己与巨石的较量所碰撞出来的力量"像舞蹈一样优美",他沉醉在这种幸福当中……

荷马说,西西弗斯是最终要死的人中最聪明、最谨慎的人。因为,他爬上山顶所要进行的斗争,本身就足以使一个人心里感到充实。加谬则把西西弗斯看作"荒谬的英雄"。无望无效的劳作是荒谬;而英雄的称谓,则来自西西弗斯坚持的勇气。

因为永远的不屈不挠比一时的胜利更加可贵。我们可以允许失败,可以原谅自己——前提是,我们要一直坚持下去。

2

人生如海,潮起潮落,既有春风得意马蹄疾的快乐,又有万念俱灰、惆怅莫名的凄苦。在竞争日趋激烈的社会中,每一个人都在追求着自己的梦想,但是,有多少人在纷繁复杂的人生道路上遇到各种挫折、失败后选择了退缩?

古之立大事者,不唯有超世之才,亦必有坚忍不拔之志。

古希腊大哲学家苏格拉底在开学第一天对学生们说:"每个人把胳膊尽量往前甩,然后再尽量往后甩。从今天开始,每天做300下。大家能做到吗？"学生们都笑了。这么简单的事，有什么做不到的？过了一个月，苏格拉底问学生："每天甩手300下，哪些同学坚持了？"有90%的同学骄傲地举起了手；又过了一个月，苏格拉底问："每天甩手还有哪些同学坚持了？"这回坚持下来的学生只剩下一半；一年过后，苏格拉底再次问时，整个教室里，只有一个学生举起了手，他的名字叫柏拉图。

世间最容易的事是坚持，最难的也是坚持。说它容易，是因为只要愿意做，人人都能做到；说它难，是因为真正能做到的，终究只是少数人。

理由很简单：并不是每一个坚持"甩手"的人都能成为柏拉图——无效的等待和无望的结果，如同西西弗斯的巨石，似乎永远也没有推到山顶的一天，于是大多数人都选择了停止。

然而，如果石头永远无法到达山顶，还有什么比推动它更有意义呢？如果失败永远无法逃避，还有什么比过程更重要呢？

……

当巨石在西西弗斯心中不再是苦难时，诸神便不再让巨石从山顶滚落下来——生活总会给你眷顾的眼睛，只要你托起这块叫"坚持"的巨石。

3

本书用优美的语言、感人而真实的故事告诉你，要坚持一个信念，目标明确，方能立于不败之地；要坚持尽责、尽心、尽力的做事态度，才能有丰硕的成果；要坚持真诚和善良，才能收获友谊和帮助；坚持做人的一份品格，精神世界才能有宁静和充盈……

有位哲人说过："时代的列车在拐弯处，常常会甩出一部分人。这部分人都是灵魂浮躁的人。"要耐得住寂寞，耐得住清贫，耐得住讥讽，持定本分，立定脚跟，"不管风吹浪打，胜似闲庭信步"，便能"守"到人生的价值和事业的辉煌。

让我们拥有一份锲而不舍的坚持、一份脚踏实地的耐心，翻开本书，去期待机会与成功的垂青吧！

目 录

Contents

第三章 品格篇——坚持内修提高涵养,坚守自我活出个性 /64

坚持是一种信念,因此而成就一种品格。在这个人人都叫嚣"浮躁"的年代,与其感叹自己时运不济,或者感叹社会世风日下,不如从当下开始,学着去坚持内修、坚守自我,你会发现,很小的事情也可以有很大的影响,只要我们在做的过程中,灌注一份长久坚持的信念。■

第四章 目标篇——看清事物的将来,坚定不移地去做 /95

一件事情,重要的不是现在怎样,而是将来会怎样。要看到事物的将来,就必须有高远的眼光和清晰的目标,看清了它的将来,坚定不移地去做,事业就已经成功了一半。■

什么是潜能?顾名思义,就是潜在的能量。每个人的身上都蕴藏着无穷无尽的能量,只是还未被激发出来,你只有坚持挖掘和开发,把它充分地利用起来,它才能发挥出无穷的威力,来帮助你实现自己的梦想!■

许多成功的人之所以取得成功,就是因为他们敢想敢做。与其不尝试而失败,不如尝试了再失败,不战而败是一种极端怯懦的行为。■

一个人失败的原因,90%是因为这个人的周边亲友、伙伴、同事、熟人大都是失败和消极的人。如果你习惯于选择与比自己低级的人交往,那么他们将在不知不觉中拖你下水,并使你的远大抱负日益萎缩。所以,要想成功,就需要摆正自己的心态,结交那些比你优秀的人,坚持和他们在一起。■

第八章 取舍篇——有所坚守,必然有所放弃 /196

有所坚守,必然有所放弃,两者相辅相成。守得住才能放得下,放弃该放弃的,才能守住该守住的。■

第九章 态度篇——持之以恒直面挑战,立足实际有始有终 /220

人生有顺境也有逆境,真正的人生需要逆境的不断磨炼。

如果面对过往的一切,独自感叹后悔,只能说明我们的愚蠢和消极。

若想要走出没有后悔的人生路,我们就必须积极面对未来,不对过往的一切念念不忘。■

第一章 ■

信 心 篇

——坚定的自信心,是坚持的基石

一件事能不能做,决定于信心,碰到阻力是坚持还是放弃,也决定于信心。

在每一个成功者背后,都有一股巨大的力量——信心,支持和推动他们不断向自己的目标迈进。所以,拿破仑·希尔非常肯定地说:"信心是生命和力量,信心是奇迹,信心是创立事业之本。"

我们之所以迟迟没有成功,所欠缺的不是成熟,而是一份坚持的信念和自信的勇气。

1. 你能成为什么样的人,取决于你"想"成为什么样的人

你想成为什么样的人——一个人对自己的认识、评价和期望,也就是一个人的自我意识。

有这个想法,人就能自觉地生活。

没有这个想法,就是被动地生存,是糊里糊涂地活着。

没有目标设想的人生就是乱拼起来的色块，而有设想的人生就是一幅灿烂绚丽的图画。

你想成为什么样的人，你的头脑里就会有这样的人生导航系统，有意无意地引导你的行为朝着你的人生目标前行。

坚持相信自己是个非凡人物

《论语·先进》中有一则孔子问其门生想成为什么样的人的故事：

子路先表示他的志向是要在三年之内，令一个贫穷危困的国家强大起来，并使人民好义；

冉有比较谦虚，他只希望能在三年内，使一个方圆六七十里的小国子民得到温饱；

公西华说他的志向是在诸侯祭祀时，当一位小相；

曾皙的志向却是在暮春时节，与五六个年轻人和童子六七人，简衣外游，放怀于山水，沐浴乘凉，歌咏而归。

孔子对学生们不同的想法都予以了赞同。所谓人各有志，不可强求，孔子是深知这一点的。他并不希望他的学生都去当官发财，成为显贵，他只是叹息着说："我也认同曾皙的志向啊！"

想成为什么样的人，是一种积极的心理暗示，这是成功人生的起点。

一位叫齐格的成功的推销员回忆了如下经历：

当时，我参加了一个在北卡罗来纳州查勒提开办的由田纳西纳什维尔的梅里尔指导的全日制培训课程。那是一门很棒的课，但我早已忘记那些学来的特殊技巧了。一天晚上，我开车回南卡罗来纳兰卡斯特的家，准备一个晚餐展示会。我很晚才回到家，睡觉就更晚了，而且婴儿整夜都在哭闹。当早上5:30闹钟响起时，习惯的力量将我拉出了被窝。当时我们住在一家蔬菜店楼上的小公寓里，我迷迷糊糊地看见窗外在下雪，而且地面已经落得有10英寸厚了，而我却要驾驶无空调的克莱斯勒汽车出门。那天早上，我像任何一个聪明人都会做的那样，又回到了床上。

当我躺着时，我开始意识到我从不曾误过或迟到过一次推销会。这时，母亲的话也在耳边响起："当你替人工作时，就得想方设法做好，做什么事都要全力以赴，否则就别做了。"《圣经》上也说："我宁愿你是冰冷的或是火烫的，但你如果是温和的，我就要把你吐出去。"我迟疑着爬起来，开着车子向着查勒提出发，同时也是向着我不曾料到的一个全新的生活出发。

培训结束后，梅里尔先生将我留下，"你知道，我已经观察了你两年半的时间，我从未见到过这样的浪费。"

我有些惊讶地问他是什么意思。他解释说："你有许多能力，你可以成为一个了不起的人，甚至一个全国优胜者。"我飘飘然起来，但仍有点怀疑，就问他是否真的那样认为。他向我保证说："我绝对相信，如果你真正投入工作，真正相信自己，你能冲破一切困难获得成功。"

说真的，当我细细品味这些话时，我惊呆了。你必须理解我当时的处境，才有可能意识到这些话对我有多大的影响。当我是个小男孩时，我长得很小，即使在穿得最多时也没超过120磅。我上学后，从五年级开始，放学后和周六的大部分时间都在工作，运动方面也不是很活跃。另外，我还很胆小，直到17岁才敢和女孩约会，而且还是别人指定给我的一个盲目性约会。一个从小镇中出来的小人物，希望回到小镇上一年赚上5000美元，我的自我意识仅限于此。现在突然有一个受我尊敬的人对我说"你能成为一个了不起的人"，我内心的震憾可想而知。所幸的是，我相信了梅里尔先生，开始像一个优胜者一样思想、行动，把自己看成优胜者，于是，我真的成了一名优胜者。

梅里尔先生并未教很多推销技巧，但那年年底，我在美国一家拥有7000多名推销员的公司中，推销成绩列第二位。我从用克莱斯勒车变成用豪华小汽车，而且有望获得再次提升。第二年，我成为了全州报酬最高的经理之一，后来成为了全国最年轻的地区主管人。

齐格遇到梅里尔后，并没有获得一系列全新的推销技巧，也不是他的智商提高了50点，只是梅里尔让他确信自己有获得成功的能力，并给了他目标和发挥自己能力的信心。如果齐格不相信梅里尔，梅里尔的话对他就不会有什么影响。

如果你坚持相信自己是一个非凡人物，并付诸努力，终会获得成功、幸福、健康,完成有价值的目标。

古希腊的大哲学家苏格拉底在临终前有一个不小的遗憾——他多年的得力助手,居然在半年多的时间里没能给他寻找到一个优秀的关门弟子。

苏格拉底在风烛残年之际,知道自己时日不多了,就想考验和点化一下他的那位平时看来很不错的助手。他把助手叫到床前说:"我的蜡烛所剩不多了,得找另一根蜡烛接着点下去,你明白我的意思吗?"

"明白,"那位助手赶快说,"您的思想得很好地传承下去。"

"可是,"苏格拉底慢悠悠地说,"我需要一位优秀的传承者,他不但要有相当的智慧,还必须有充分的信心和非凡的勇气……这样的人选直到目前我还未见到,你帮我寻找和发掘一位好吗?"

"好的,好的。"助手尊重地说,"我一定会竭尽全力地去寻找,不辜负您的栽培和信任。"

苏格拉底笑了笑,没再说什么。

那位忠诚而勤奋的助手,不辞辛劳地通过各种渠道开始四处寻找。可他领来一位又一位,都被苏格拉底一一婉言谢绝了。有一次,当那位助手再次无功而返,回到苏格拉底病床前时,病入膏肓的苏格拉底硬撑着坐了起来,抚着那位助手的肩膀说:"真是辛苦你了,不过,你找来的那些人,其实还不如你……"

半年之后,继承人选还是没有眉目。助手非常惭愧,泪流满面地坐在病床边,语气沉重地说:"我真对不起您,令您失望了!"

"失望的是我,对不起的却是你自己。"苏格拉底说到这里,很失望地闭上眼睛,停顿了许久,才又毫无哀怨地说:"本来,最优秀的人就是你自己,只是你不敢相信自己,才把自己给忽略了,不知道如何发掘和重用自己……"没过多久,一代哲人永远离开了他曾经深切关注着的这个世界。

那位助手非常后悔,自责了后半生。

这个故事所包含的深刻寓意让我们每一个人感慨至今。为了不重蹈那位助手的覆辙,每个向往成功、不甘沉沦者,都应该牢记先哲的这句至理名言:"最优秀的人就是你自己!"

突破自我设限，寻找最完美的自我

一天，一个喜欢冒险的男孩爬到父亲养鸡场附近的一座山上，发现了一个鹰巢。他从巢里拿了一只鹰蛋，带回养鸡场，把鹰蛋和鸡蛋混在一起，让一只母鸡来孵。于是，孵出来的小鸡群里有了一只小鹰。小鹰和小鸡一起长大，因而不知道自己除了是小鸡外还会是什么。

起初，它很满足，过着和鸡一样的生活。但是当它逐渐长大之后，它心里开始有一种奇特不安的感觉。它不时想："我一定不只是一只鸡！"只是它一直没有采取什么行动。直到有一天，一只了不起的老鹰翱翔在养鸡场的上空，小鹰感觉到自己的双翼有一股奇特的新力量，感觉胸腔的心正猛烈地跳着。它抬头看着老鹰的时候，一种想法出现在心中："养鸡场不是我呆的地方。我要飞上青天，栖息在山岩之上。"

它从来没有飞过，但是它的内心有一种力量和天性。于是它展开双翅，飞到了一座矮山顶上。极为兴奋之下，它又飞到更高的山顶上，最后冲上了青天。就这样，它发现了一个伟大的自己。

也许会有人说："那不过是个很好的寓言而已。我既非鸡，也非鹰，我只是一个人，而且是一个平凡的人。因此，我从来没有期望过自己能做出什么了不起的事来。"

或许这正是问题的所在——你从来没有期望过自己能够做出什么了不起的事。这是实情，而且是很严重的事实，我们总是把自己钉在自我期望的范围以内。

但如果你不希望这辈子就这样，你就应该打破"习惯性自我"。其实，我们每个人的体内都蕴藏着"另一个自己"，那就是你的潜能。

美国心理学家维克托·弗鲁姆有一个著名的"期望理论"，即：激励力量=效价×期望值。这一理论的基本观点是：人们有了某种需要，就会产生一定动机，进而引起行为去实现目标。当目标还没有实现的时候，这种需要就会变成一种期望，而期望本身就是一种强大的力量。

正如大文豪高尔基所说："一个人追求的目标越高，他的才力就发展得越快。"在自己的心目中，你认为自己是什么，最终你就会是什么。

多年前，有一位叫亨利的美国青年，从小在孤儿院长大，身材矮小，长相也不好，讲话又带着浓重的乡土口音，所以一直很自卑，连最普通的工作都不敢去应聘。30岁生日的那一天，他站在河边徘徊，几乎没有活下去的勇气。这时，他的一位好友跑过来告诉他："一份杂志里讲，拿破仑有一个私生子流落到了美国，这个私生子有一个儿子，他的全部特点都跟你一样：个子很矮，讲的也是一口带法国口音的英语。"

亨利半信半疑，但当他拿起那本杂志琢磨了半天后，他渐渐开始相信自己就是拿破仑的孙子。此后，亨利不再为贫穷、矮小、乡土口音等特征自卑，而是凭着"我是拿破仑孙子"的信念积极面对生活。3年后，他成了一家大公司的董事长。后经查证，亨利并非拿破仑的孙子，但这已经不重要了。在"我是拿破仑孙子"这个积极的暗示中，亨利改变了自己的人生。

不论过去怎么不幸，经历过什么样的失败，那都不重要，重要的是你对未来必须充满期望。

跨越心理高度，活出别样人生

有一个正在巡回表演的马戏团，成千上万的观众被它吸引，尤其令人拍案叫绝的是其中一只大象的演出。

有一个少年为了能够更近距离地看看大象，特意跑到马戏团的后台，到处找大象栖身的地方。那里没有其他人，那头大象只是被一条普通的绳子缚在一根木头旁。

少年好奇地问一位驯兽师："先生，为什么只用一条绳子便能制服这么巨大的大象，难道不怕它用力一拉便逃走了吗？"

驯兽师笑了笑，回答他："当它还小时，我们用大铁链把它锁着，每当它想逃走时，它只要用力一拉铁链，便会痛得动弹不得，久而久之，它也就放弃了。现在我们只需要用一条绳子缚着它就行了，因为它再也不相信自己可以逃走了。"

现实生活中，有许多人也像大象一样，年轻时意气风发，屡屡去尝试着实现自己心中的梦想，但是往往事与愿违，在经历过多次的失败打击之后，便日渐消极起来，不是抱怨世界不公，就是怀疑自己的能力。他们不是去努力寻找新的奋斗目标，追求突破，而是一再地降低自己的人生目标——即使原有的一切限制已取消。

"大铁链"虽然被换掉了，但他们早已经痛怕了，不敢再尝试，或者已经习惯了，不想再跑了，最终因为害怕而放弃追求成功，甘愿忍受失败者的生活。

难道大象真的不能挣脱绳子的束缚吗？绝对不是。只是它的心理已经接受了"这根绳子的强度是自己无法挣脱的"这个现实。

一只小青蛙长年生活在一口小圆井底下，它很满足于在水里嬉戏，绕着这口水井游泳。它常想着，它的生活不可能比现在更好了，因我已拥有了一切所需。

有一天，它抬起头看，注意到了井上面的光线，小青蛙好奇了起来，它开始猜想上面会有什么东西。于是它慢慢地沿着井壁往上爬。当它爬到井口时，它小心地沿着井边往外看，仔细一瞧，它首先看到了一个池塘。它简直不敢相信，这池塘可比自己住的那口井大上好几千倍！它继续往前探险，发现了一个大湖，于是它惊讶地瞪大眼睛站在那儿。接着，小青蛙继续沿着湖边往前爬。终于有一天，小青蛙历尽艰险，长途跋涉来到大海，目光所及之处，尽是一望无际的汪洋，它的震惊难以形容。

你是否深入思考过，其实，你也是在"坐井观天"。你凭什么认为自己已经达到了人生的巅峰，达到了生命的极限，不可能再有更大的成就了？你凭什么认为你永远做不成什么大事，无法成就什么丰功伟业，不能享受像别人一样的生活？

从你的"井"里爬出来，跨越现有的心理高度。只要你希望生活中发生好事，就没有什么好事不能变成现实，没有什么美妙的事不会发生。

即使你现在仍沉浸在消极的想法中，但只要你开始"救赎"自己，你便能从谬误和谬误导致的结果中解脱出来。

一个人，无论他的能力多么突出，才华多么出众，学识多么渊博，但最终决定他能否成功的却只有一项因素——他的心理高度，即他认为自己能取得多大的成就。

2. 只要心在坚持，永远不会一无所有

英国首相温斯顿·丘吉尔说："一个人绝对不可在遇到危险时，背过身试图逃避，这样做只会使危险加倍；但是，如果立刻面对它毫不退缩，危险便会减半。绝不要逃避任何事物，绝不！"

据说，人在登山的时候若是遇到风雨突起，最好的自救方法并不是迅速找个地方躲避，或是向山下跑，而是顶着风雨向山顶走。

登山家所持的理由是：往山下走，虽然风雨看起来小了一些，却可能会遇上爆发的山洪而被淹死；而躲起来则容易遭受土石流和山崩的袭击；只有往山顶走，风雨虽然大，却能回避大危险的侵袭，对生命的保障相对也大一些。

人生就像爬山，那些风雨就是我们可能遇到的困难，如果一味地逃避躲闪，我们就会被卷入洪流；而如果能勇敢地迎接它的到来，迎难而上，那么就有生存的可能，甚至还有可能看到美丽的彩虹。

一个人，只要有坚强的心灵，不被别人的不理解和否定打倒，不被别人的歧视和逼迫击败，认真而努力地工作，就一定能从一个微不足道的小人物成长起来，逐渐修成正果，成为一个让大家刮目相看的能人。

任何时候，只要心还在坚持，就不可能真的一无所有！

可以输掉几场竞赛，却不能输掉自信

自信，一生都需要，不能一时有一时无。人生旅途有一场接一场的比赛，输赢都是难免的。赢了，自信很容易建立和恢复；输了，自信就会被削弱，甚至丧失。但当下一轮比赛开始时，就需要立即挺起自己的脊梁，勇敢地面对新一轮的竞赛。

因此，可以输掉几场竞赛，却不能输掉自信。

有一个人文化程度不高，失业了，看到微软招清洁工的信息，便前去应聘。经过面试和实际操作测试，他被录取了，人事部门向他要E-mail邮箱，以便寄发录取通知和其他的文件。

他说："我没有电脑，更别提E-mail邮箱了。"人事部门告诉他："对微软来说，没有E-mail的人等于不存在的人，所以微软不能用。"

他很失望，但是没办法，只好离开了微软。此时，他的口袋里只有10美元。为了继续活下去，他到便利店买了10公斤的马铃薯，然后在附近挨家挨户去推销。两个小时后，10公斤马铃薯被他卖光了，获利100%。

随后，他又做了几次这样的生意，把本钱也增加了一倍。他发现，这样可以挣钱养活自己，于是，他认真地做起这种生意来。运气加上努力，他的生意越做越大，还买了车，雇了员工。5年后，他建立了一个很大的"挨家挨户"的贩售公司，提供人们只要在自家门口就可以买到新鲜蔬菜瓜果的服务。

生意成功后，他考虑到为家人规划未来，于是计划买一份保险。签约时，业务员问他要E-mail邮箱。他再次说出："我没有电脑，更别提E-mail邮箱了。"

业务员很惊讶："您有这样一个大公司，却没有E-mail。想想看，如果您有电脑和E-mail，可以做多少事！"

他说："如果有电脑和E-mail，我会成为微软的清洁工。"

一次输不等于永远输，一个方面输不等于满盘皆输。只要你挺起自己的精神脊梁，勇敢地面对现实，认真地思考，积极地行动，就能在新一轮的竞赛中赢得胜利，甚至收获更多。

人类社会是一个全能竞技场，每个人都是这个竞技场上的运动员。既然是竞赛，便有输有赢。要争取赢，避免输，力争不败，这是每个人的愿望。不过，胜败乃兵家常事，每个人都会有输的时候。

输了一场比赛，甚至连输几场，并不可怕，人生的竞技场上还有无穷无尽的竞赛项目，还有翻身的机会。而且，人生竞技场上的竞赛项目不是固定的，也不是都由别人确定，你可以为自己创造全新的竞赛项目，自己率先做新项目的冠军。

就像上个故事里的主人翁，不懂电脑，没有现代通讯的基本工具，跟不上时代的步伐，因而失去了一次在微软就业的机会。但是，他找到了不需要有E-mail邮箱的机会，创造了一个新项目，自己当冠军，得到了更好的回报。

尺有所短，寸有所长，在人生的竞技场上，每个人都有自己的强项和弱项。

考场上输了，没有考上一流大学，不等于在大学的学业上就会输给在一流大学的同龄人。只要大学期间认真学习，不虚度光阴，你所收获的成绩就不会输给其他人。

学历不高，在学习的赛场上输了，不等于在职场上也会输。事实上，学历不等于学力，学习的能力更不代表能力。只要保持自信，找到适合自己的岗位，积极敬业，你就能在职场上顺畅发展，不输给学历高的人。

在一家甚至多家公司求职应聘的时候输了，没有被录用，不等于你的下一次也会被拒绝。每家机构的需求不同，重视点不同，主考官的眼光也不同。只要保持自信，认真做好准备，寻找到合适的岗位，恰当地展示自己的亮点，就会有人发现你的价值，找到合适的工作。

一个女孩拒绝你，情场上输了一局，不等于另一个女孩也会拒绝你。只要保持自信，积极寻找缘分，找到懂得欣赏你的人，付出真爱，就会赢得芳心。

一个创业项目失败了，商海里输了一局，不等于你再去创业还会输。只要保持自信，理性地分析，尽量避开风险，抓住合适的机会，坚持不懈地努力，就会有丰硕的收获，创造出非凡的大业。

东边日出西边雨，东方不亮西方亮。每一块土地都有适合的种子，每一粒种子都有适合的土地。人生的竞技场上输掉几场比赛并不可怕，最可怕的是输了信心，没有精神脊梁，这也是最大的失败。

不要让"输"削弱了你的自信，更不要让"输"摧毁你的自信！这是以后获胜的前提。否则，只会一败再败，输得一塌糊涂，只剩一生惨淡。

当你遭遇一次"输"的时候，别趴下，告诉自己："弱项输了，还有强项，赢的机会在等待我。"然后轻装上阵，去迎接、寻找新一轮的竞赛。

坚持不放弃，你就是胜利者

人生就像电台的歌曲排行榜，有的人排在前面，有的人排在后面，有的人粉丝如云，有的人孤单寂寞……且不说一直都在苦苦挣扎的小人物，即便是有过一定业绩和成就的人，在快速多样的竞争中，也可能虎落平阳、龙困浅滩，尝遍人生冷暖。

但头脑清晰、性情开朗的人，总会把坎坷的经历当做一场必需的考试，竭尽全力应对；实在无力扭转失利的时候，他们也会用退一步海阔天空来安慰自己，先给自己一个喘息休整的机会，然后等待机遇再做奋斗。这是一种积极的处事态度。

而大多数人都无法做到这样的豁达，他们在不被人肯定的时候往往容易自我否定。一旦遭到比较大的打击和失利，马上就会开始怀疑自己的能力，抱怨自己的处境，降低自己的目标，甚至觉得自己一无是处。

其实，除非你放弃自己，否则，没有谁可以真正让你一无所有！

即使别人再强势，剥夺的只是你的某一个或者某一段时间的机会，那些压迫性的影响仅能让你暂时没有收获。此刻的你，只要不是自己仰身倒下，绝对还有更多的选择在等待你的尝试。

贝多芬在被世人认可之前，曾拜在交响乐之父海顿的门下学习。和大多数学生不同的是，贝多芬并未被老师头顶的光环所威慑，反而总想进行一些突破性的尝试，改变古老的、墨守成规的创作乐风，让音乐解脱束缚。由于彼此固执己见，贝多芬和海顿经常争吵不休。而率直的贝多芬觉得并未在老师那里学到更有用的技巧和方法，他就在独立创作的《第二交响乐》上只写上了自己的名字，但由于贝多芬当时正师从海顿，按照常规，他创作的曲谱也要写上海顿的名字。这让海顿十分恼怒，于是辞退了这个胆大妄为的学生。

然而，就像贝多芬所说："一匹奔腾的骏马绝不会让苍蝇叮了几口后就裹足不前！"面对众人的批评，尽管充满了痛苦和困惑，贝多芬还是坚定地选择了搏击和对抗，让新音乐的风格蓬勃发展。

再次出发后，贝多芬不断进行音乐革新，但他招致的攻击也越来越多。然而，他没有花费时间去争辩和苦恼，而是跳过这些苛刻的指责，充分挖掘自己的潜力，谱写出更多、更优美的乐章，赢得了世界的尊敬与热爱。

所谓时势造英雄，就是一个人跟随命运的波浪，把握机遇而创造成功。也就是说，在人际交往中，自己的态度决定了别人对你的态度。因此，只要你想获取别人的肯定时，就必须提升自己的价值，让你从平凡中脱颖而出。要知道，即使轻渺如一阵细风，当你永不放弃，一路积累能量，最后就是高山大河也会被你的凶猛折服。

不被人承认的时候，我们虽然没有光环，但是我们有尊严、自信和乐观。当你低调地走过一段压顶的荆棘后，曾经满布伤痕的躯体才能更强壮，你才可以昂起头，用淡然的微笑对抗那些永远都存在的大小伤害。

美国国际商用机器公司(IBM)的创始人托马斯·沃森创业之前，曾在现代商业先驱约翰·亨利·帕特森的公司工作。当他刚在公司取得良好业绩准备大展拳脚的时候，却遭到谗言陷害，被帕特森解雇。在那个难熬的时间里，沃森得到的帮助和安慰非常有限，但他强打精神，让自己用最好的状态和充分的准备应付未来的全新挑战。夜深时分，他总是一遍遍地告诉自己："我可以重新再来！我要创造另外一个企业，一定要比帕特森的还要大！"

后来，沃森果然让这个夜晚的誓言成为了现实。

面临挑战和烦恼，最好的应对不是絮叨和抱怨，更不是无限夸大它的不良后果，而应该安静地停顿下来，想一想最坏的结果是什么，目前的状态进入了哪个程度，怎么改变眼前的不利。只有不被这些琐碎的挫折击败，压力才可能减轻。

所以，我们不能轻言放弃，即使陷入困境也不能露怯！当各种困难被一一瓦解，当那些影响工作效应的缺陷被弥补，当情绪和生活状态被调整好，托马斯·沃森终于让IBM成为了一个家喻户晓的著名公司，成功立足于世界企业之林，也为自己开创了光辉的明天。

现在，仔细回顾自己走过的日子，我们就会发现，那些当初对你不信任或敌视你的人，其实对你的影响大多是积极的。试想，如果这个人当时的判断是正确的，那么他的话语虽然冷酷无情，却能让你看到自己的不足，及时作出调整，得到一个良好的经验，为将来储存必要的能力；如果这个人的判断完全偏差，那么我们损失的也只不过是短暂的利益，我们甚至还可能因为别人的轻视而激发自己的斗志，创造出奇迹！

无论如何，只要不因为别人对自己的不良评价而主动放弃，你就是一个胜利者。

说"难"前，先问自己是否已竭尽全力

遭遇挫折并不可怕，可怕的是因挫折而产生的对自己能力的怀疑。只要精神不倒，敢于放手一搏，就有胜利的希望。但是很多人在困难面前，还没有付出自己最大的努力，便急忙放弃。世上无难事，只怕有心人。只要你有战胜困难的心，那就没有什么难的。在说一件事情难之前，我们首先应该问自己，已经竭尽全力了吗？

我们之所以说一件事情很难，往往是因为我们并没有尽到自己最大的努力，那只是自己不愿意战胜困难的一个借口。

在面对眼前的困难时，要先把"不可能"放到一边，只想自己是否已竭尽全力，学会想尽一切办法、尽一切可能去努力解决掉问题。世界上没有"天大的问题"，只有面对问题时没有尽力造成的遗憾和悔恨。

遇到困难就拿出自己百分百的努力来解决，不要给自己的人生打折扣，否则你的成功也会打折扣。

24岁的海军军官卡特，应召去见将军海曼·李科弗。将军让卡特挑选任何他愿意谈论并且擅长的话题进行讨论，结果每次将军都将他问得直冒冷汗。卡特这才发现自己懂得实在是太少了。在谈话结束的时候，将军问他在海军学校的学习成绩怎样，卡特立即自豪地说："将军，在820人的一个班中，我名列第59名。"将军皱了皱眉头，问："为什么你不是第一名呢，你竭尽全力了吗？"此话如当头一棒，影响了卡特的一生。此后，他做任何事情都竭尽全力，这使他后来成为了美国总统。竭尽全力，就是要把意识的焦点对准如何解决问题，不给自己任何敷衍和偷懒的借口。

士光敏夫是影响日本经济界的人物之一。他在重整东芝公司时，遇到了资金不足的困难。因为当时正处于战后时期，要筹到足够的资金简直难于登天。别说是筹到足够的资金，就是一小部分的启动资金也是不可能的。他去银行申请贷款，但银行部长却对他爱理不理。经过他不断的努力，部长的态度比以前好了一些，但对贷款的事情仍旧绝口不提。

时间不会停下等待他去筹钱，如果在两天内仍然没有资金投入，公司将不得不全线停工。士光敏夫想了很久，终于决定破釜沉舟，要想尽一切办法迫使部长答应。他让秘书给他拿来一个大包，在街上买了两盒盒饭放在里面，然后提着赶到银行。一见部长，他就开始跟部长谈，希望给他贷款，但对方仍是不答应。双方又展开了一场舌战，不知不觉已经到了下午下班的时间。部长一看下班了，如释重负，提起公文包准备回家吃饭。不料士光敏夫却从袋子里拿出盒饭说："部长先生，我知道你工作辛苦了，但是为了我们能够长谈，我特意把饭准备好了，希望你不要嫌弃这寒酸的盒饭。等我们公司好转后，我们会再感谢你这位大恩人。"面对士光敏夫的执著，部长真是无可奈何。但也正是因为他的这份坚毅，部长最终批准了他的贷款申请。

难，是我们用来拒绝努力的常用理由。但是，问题真的那么难解决吗？当你将心灵的焦点对准"难"时，你的大脑也会随后找出千万个理由，证明真的很"难"。面对如此"难"的问题，你会很自然地产生畏惧心理，畏惧使人无法冷静地应对问题，甚至导致行动的瘫痪。

所以，当你面对困难的时候，先不要问难不难，而要想自己是否尽了最大努力，这样你就会把注意力集中在尽力挖掘自己的潜能上，使问题更容易解决。

3. 谁也不能为你负责，请坚持自己的主见

没有思想、没有主见的人在生活中很容易吃亏上当，在工作中也不容易做出成果，因为这样的人永远都是"任人摆布"：你说什么，他做什么；你

说怎么做,他就怎么做;你说不做,他就不做。要知道,成功的人都善于"摆布"别人,而不是被别人"摆布"。

不做别人想法的奴隶

奴隶,意味着被别人所拥有而且处于完全被控制的状态。奴隶不仅有身体上的,还有精神上的。

在我们的生活当中,许许多多的人在不知不觉中把自己的灵魂交付给了别人,让别人掌控自己的心灵。它是捆绑在人们心灵上的枷锁,使许多人一直在做着他们憎恶的工作,活在一个他们不喜欢的环境中,做出有违自己意志的事情,直至完全听命于他人。

在这种状态下,你做某件事情、做出人生的某一次选择之前,你可能会想:"我这么做了别人会怎么想呢?"

这种想法的确是一种最普通、最常见,而且也是一种最具破坏性的消极的心理状态。它可以说是无孔不入、无所不包。

我必须每天出门,否则,邻居会认为我可能在家里干着见不得人的事情;

在会议上我不能多发言,因为我一说话,别人就会认为我爱出风头;

那件衣服我虽然很喜欢,但它太时髦,别人会议论我的;

……

这种"别人"式的想法是一个强而有力的牢笼。按着这种想法,我们可以解释生活中的许多现象:为什么这个世界上有如此多的雷同和整齐划一?为什么很多妇女热衷于模仿别人的发型?为什么推销员都会用几乎一模一样的方法来推销不管是丝袜还是家电?为什么人们会一直活在令人极其厌烦、不愉快、不满足的生活状态之中……

这种"别人"式的想法会伤害我们的人格,把我们原有的创造能力破坏殆尽。

事实上,我们生活中的大部分人不仅被"别人会怎么想"所左右,我们自己在生活中也常常会听取那些"不够资格"的人的忠告。

到处都会遇到忠告，你的邻居、亲戚、同学、同事、上司、下属……差不多你所认识的每一个人，都会热心地给你忠告。你做每一件事情都可能会听到忠告。你新找了一个工作、新买了一家公司的股票、最近买了一样家具、给孩子找了个家教……忠告几乎遍及你生活中的每一件事情。你至少拥有一个排以上的热心、自愿且不用支付薪水的"顾问"，这些人很乐于帮你做你的"自我约束、自我管理"方面的种种事宜。

你需要清楚的是，你的"顾问"团成员也仅仅只是知道事情的一点皮毛而已。如果你是一个心理上不很成熟的人，往往会盲从这些自我推荐、自告奋勇而且属于"义务者"的顾问们的忠告。你不相信自己，也不想听听学有专长的专家们的建议，反而对这些三流、四流甚至不入流的人物言听计从，这真是你人生的悲剧。

以下是你避免成为别人想法奴隶的具体做法：

第一，"别人"不是先知先觉的上帝，他们往往是道听途说的积极追随者。如果你活在"别人的想法"中仍然非常愉快，那么你就尽管模仿邻居的生活吧。否则，你就需要自己的生活方式、做人态度。只要你的所作所为没有伤害到他人，你就可以随自己高兴，想怎么做就怎么做，这跟"别人"没有任何关系。

第二，你生活的地位越高，甚至成为公众人物，批评你的人就会越多，被人在茶余饭后当做谈资的对象的机会也越多。"被别人批评"本身就代表着你已经被别人所羡慕。

第三，选择一些不相信闲言碎语的人做朋友。你周围生活着这么一批人，将有助于你不再对别人的想法过于在意，更不会恐惧。

最后，你需要记住：所谓的"别人"们通常有更多的事情正等着他们自己去应付。那些事情比你遇到的问题麻烦得多，他们这时正坐在屋里发愁呢。

做自己精神的富翁

正确评价自己、接受自己至关重要，它关系到建立正确的自我观念，帮助你适应环境，促使性格健康发展。接受自己，去除自卑感，是精神健康的重要保证。

怎样才能增进自我接受感呢?

首先,要克服完美主义。

意识到自己不可能做到十全十美。十全十美是可遇而不可求的,所以,应当知足常乐。

要容忍体谅,不但要与他人相处和睦,亦要做到对自己的行为不至苛求。不要做时钟的奴隶,总想尽可能地在时间限制内完成工作,记住,"欲速则不达"。要明白,讨好所有人是不可能的,根本不必去尝试。"受欢迎"的本意是使他人赏识你本人,而不是你的最好表现。可以尝试一下"言所欲言",坦诚和直率能消除许多障碍与心理压力。要对自己有信心,你和任何人一样有可取之处。勿过分自责,任何人都有彷徨的时刻;不必为"爱"与"恨"过分担心。勿自悲自怜,你的遭遇并不重要,你对遭遇的反应才是最重要的。

其次,要做到真正了解自己。

自知者明,自胜者勇。你可以通过比较法(与同龄、同样条件的别人相比较)、观察法(看别人对自己的态度)、分析法(剖析自己,了解自己的工作成果)等来认识了解自己。

再次,要树立符合自身情况的奋斗目标。

这样会使你有机会充分发挥自己的才智,力所能及的胜利能增加你的自信心。

最后,要不断扩大自己的生活经验。

每个人都要经历适应环境的过程。在这一过程中,你也许发挥了才干,也许暴露了缺陷。这没关系,正反两方面的经验都将促进你对自己的了解。

幸福的富有并不单指物质富有,还包括精神富有。物质的富有只是满足了人的需求的欲望,而精神富有让人感到生活更充实、快乐,这样的人生更有意义。精神的富有,包括很多内容,成功学大师拿破仑·希尔为我们列出了以下几点:

(1)你可以对自己有很高的评价。

成功的人物都会对自己有很高的评价。这需要积极的思想做动力。有了这种思想,你就会一直超越、一直前进。这些积极性的思想包括:在我所认识的人中,你最有资格做这件事情,你要把自己的奋斗目标定得更高些……

你要常问自己,我是否已经使用了我最大的智慧与能耐?如果答案不是百分之百,你就应该做些改变才行,而首要的改变就是把消极思想换成积极思想。所谓消极思想包括:我还不具备做那件工作的资格;我将一直处在贫穷之中;比我更优秀的人真是多如过江之鲫……一旦陷入这样平庸的思想之中,你将会停滞不前,直到你的思想有改变为止。

(2)你可以让自己显得很重要。

每个人都认为自己很重要,但是,只有当人们感到迫切需要你的时候,你才真正变得很重要。为达到这个目标,有两个办法可供参考:一是自己提高自己的知名度。首先,你要吃透一个习俗:那些忙碌兴旺的人物,都被看成是人们最迫切需要的人。利用这个习俗,你可以找到提高知名度的有效办法为自己制造一种兴旺忙碌的形象,使别人知道你的顾客很多,你的崇拜者很多……总之,任何你所想要的美好事物,都要给人留下一种"你已经有了很多"的印象。

人们都喜欢跟那些兴旺的人打交道。你越兴旺,跟你打交道的人就越多;跟你打交道的人越多,你就越兴旺。如此良性循环下去,你的事业将永远昌盛不衰。

一个人能不能获得成功,并不在于他目前已经拥有了多少,而在于他正在计划要得到多少。为此,你应该制定一个增加自我价值的计划,全速向真正美好的生活之路前进。这样,世人将给我们怎样的评价呢?回答是:正等于我们对自己的评价。

自我评价决定了别人对你的评价,这是一条定律。

(3)你可以有充分的自尊。

对于每个成功者来说,最珍贵的财产就是"对自我的尊敬"。只要能保持这份自我尊敬,你就能保持完美生活所必需的诸种要素:拥有朋友、被人崇拜,以及被人接纳。

其实,这些精神财富每个人都可以拥有,我们在其中应充当主人的角色。

只能依靠自己

一个小男孩很想当画家，却一点主见都没有，而且很不自信。每画完一张画，他都要问家人，画得怎么样，哪些地方需要修改。这天，他又完成了一幅有山、有水、有屋子的画，拿给家人看。

爸爸看了他的画，遗憾地说："哦，画得有点僵硬，应该把房子的颜色改成白色，那样会显得高贵一点。"男孩听了，就按照爸爸的意见做了修改。

然后，他又把画拿给妈妈看。妈妈看完，抚摸着他的头说："颜色太单调的东西没人爱看，你应该改得艳丽一点。"男孩又采纳了妈妈的意见。

当哥哥看到他的画时，建议道："我爱看抽象画，不如把你的画改得更加抽象一点吧！"男孩赶紧按哥哥的意见改成了抽象画。

当男孩把画拿给姐姐看的时候，姐姐惊叫了起来："你拿张被染料弄脏的破纸给我干吗？别弄脏了我的衣服！"

男孩摸摸脑袋，怎么也想不明白，明明是一幅有山、有水、有屋子的画，怎么就变成一张脏纸了？

男孩把所有的时间都用在了采纳别人的意见上，他想通过别人的意见让自己的画更完美，可遗憾的是，偏偏每个人的意见都不同。别人的意见不仅没有帮助他得到提升，反而让他好好的一幅画变成了废纸。一味听信于人，让他丧失了自己。

想一想，你是否也跟这个男孩一样，没有自己的思想。好不容易找到了一份自己喜欢的工作，因为朋友一个鄙夷的眼神，你便对工作失去了信心；好不容易结交到一个心仪的朋友，就因为父母一句不满意的话，结果断送了一桩美好的姻缘。

可能你会说："我也想自己拿主意，有自己的主见，可是我真的很害怕选择失误，怕做错事，那样的话，还不如听别人的意见呢。"

当然，别人的意见能让你全方位、客观地认识问题，采纳他人建议也未尝不是一件好事。只不过，如果每次一遇到事情就依赖别人，自己主动放弃发言权和决策权，久而久之，你就会变成一个没有主见、受别人意见摆布自己命运的人。

尼克是一家公司的调车人员,他工作相当认真,做事也很负责尽职。不过,他有一个缺点,就是对人生很悲观,常以否定的眼光去看世界。有一天,公司的职员赶着去给老板过生日,都提早急急忙忙地走了。不巧的是,尼克不小心被关了一辆冰柜车里。

尼克在冰柜里拼命地敲打着、叫喊着,全公司的人都走了,根本没有人听得到。尼克的手掌敲得红肿,喉咙叫得沙哑,也没人理睬,最后只得绝望地坐在地上喘息。

他愈想愈可怕,心想,冰柜的温度在零下20度以下,如果再不出去,一定会被冻死。他只好用发抖的手,找来纸笔,写下遗书。

第二天早上,公司里的职员陆续来上班。他们打开冰柜,发现尼克倒在里面。他们将尼克送去急救,但他已没有生还的可能。大家都很惊讶,因为冰柜里的冰冻开关并没有启动,这巨大的冰柜里也有足够的氧气,而尼克竟然被"冻"死了!

其实,尼克并非死于冰柜的温度,而是死于自己心中的恐惧。因为他根本不敢相信一向不能轻易停冻的冰柜车,这一天恰巧因要维修而未启动制冷系统。他的不敢相信使他连试一试的念头都没有产生,他当时所想到的全是别人在同样的情况下所得到的后果。

有一名佛教信徒遇到了难事,便去寺庙求拜观音菩萨帮助。可他发现观音菩萨也跪在那里,感到很困惑:为什么她要拜她自己呢?观音说:"因为求人不如求自己!"观音的一句简短的话蕴含了不少的人生道理。成功的个性是坚持依靠自己,拒绝依靠他人。除了你自己,谁也不能对你负责。

要做一个自己拿主意的人,其实很简单,如果你尝试做到下面这些,你就会得到改变。

(1)相信自己能做好决定。

主见,其实是一种相信自己能力和自己选择的自信心理。一个人不相信自己的时候,很容易就会被别人一句话打倒,害怕做出错误的判断和决定,于是让别人去决定。有时候,你之所以不相信自己的能力,是因为你太相信别人的能力。其实，按自己的想法做不一定会比别人差。

（2）有独立思考和判断的能力。

养成自己思考的习惯，不要随意附和别人，别人的意见只能供你参考。现在一些比较懒惰的年轻人，不爱思考，有问题就直接上Google、百度，找不出参考资料就写不出文章，没有参考答案就做不出决定。因为不想费神思考，久而久之，就形成了一种依赖思想。这时候，别人的思想不仅帮不到你，还会限制你的思维。

除此之外，也不要让自己的思想受到习惯思维模式的束缚。

（3）大胆地承担失败的后果。

很多人之所以没有主见，并不是他能力不够，而是他害怕承担失败的责任，做事患得患失。他们往往抱有这样的心理：与其做了错误的决定后遭人指责，还不如开始就让贤。可能有很多事你做得不如别人好，但这没关系，只要你认真做了，只要你比昨天做得好，就该为自己喝彩，为自己加油鼓掌。否则，你永远都体会不到成功后的喜悦。

4. 坚持下去，胜利始终属于有自信的人

坚定的自信心，往往能使平凡的男男女女做出惊人的事业来；而胆怯和意志不坚定的人，即便有出众的才干、优良的天赋、高尚的性格，也终难成就伟大的事业。

自信，是通向成功的阶梯。不论才干大小、天资高低，成功都取决于坚定的自信力。相信自己能做成的事，大都能够成功；反之，不相信自己能做成的事，决不会取得成功。

自信的高度，决定了成就的高度

与金钱、势力、出身、亲友相比，自信是更有力量的东西，是人们从事任何事最可靠的资本。自信能排除各种障碍，克服各种困难，使事业获得圆满

的成功。

有一次，一个士兵骑马给拿破仑送信。由于马跑的速度太快，在到达目的地之前猛跌了一跤，那马就此一命呜呼。拿破仑接到信后，立刻写了封回信，交给那个士兵，吩咐士兵骑自己的马从速把回信送去。

士兵看到那匹强壮的骏马身上装饰得无比华丽，便对拿破仑说："不，将军，我只是一个平庸的士兵，实在不配骑这匹华美强壮的骏马。"

拿破仑回答道："世上没有一样东西，是法兰西士兵不配享有的。"

世界上到处都有像这个法国士兵一样的人！他们以为自己的地位太低微，别人的种种幸福是不属于他们的，觉得他们是不配享有，不能与那些伟大人物相提并论。这种自卑自贱的观念，是人们不求上进、自甘堕落的主要原因。

许多青年男女，本来可以做大事、立大业，但实际上却做着小事，过着平庸的生活，原因就在于他们自暴自弃，没有远大的希望，不具有坚定的自信。

当我们把目光从自卑的人身上转到那些自信的人身上时，便会发现：上帝并不是对他们宠爱有加、额外照顾，让他们全都完美无瑕；相反，他们身上的种种缺陷也可怕得很。拿破仑的矮小，林肯的丑陋，罗斯福的瘫痪，丘吉尔的臃肿，哪一条不比"皮肤黑一点"、"耳朵小一点"更令人痛不欲生？可他们却拥有辉煌的一生。

一个自信的男人，会使女人获得安全感；一个自信的女人，会使男人感到温暖安详。而自卑的人，会不由自主地在别人面前，甚至是自己喜欢的人面前表现出一种不自在，他总想着别人会怎么看自己。这种不自在会微妙地影响着与他人的关系，使双方经常"误读"彼此的信息，造成隔膜与冲突。

而自信的人，与人交往时坦诚自然，能更多地流露出自己的本色，更有效地与人沟通和交流，自然也就更容易建立起健康的人际关系，为自己赢得友谊和爱情，赢得成功的事业、发达的前途。

据说拿破仑亲自率军队作战时，同样一支军队的战斗力便会增强一倍。实际上，军队的战斗力在很大程度上基于兵士们对于统帅的敬仰和信心。如果统帅抱着怀疑、犹豫的态度，全军便会混乱。拿破仑的自信与坚强，使他统率的每个士兵都发挥出了最强的战斗力。

一个人的成就，决不会超出他自信所能达到的高度。

如果你只接受最好的，你最后得到的往往也是最好的，只要你有信心。

有一个人经常出差，经常买不到对号入座的车票。可是无论长途短途、车上有多挤，他总能找到座位。

他的办法其实很简单，就是耐心地一节车厢一节车厢地找过去。这个办法听上去似乎并不高明，但却很管用。每次，他都做好了从第一节车厢走到最后一节车厢的准备，可是每次他都用不着走到最后就会发现空位。他说，这是因为像他这样锲而不舍找座位的乘客实在不多。经常是在他落座的车厢里尚余若干座位，而在其他车厢的过道和车厢接头处却人满为患。

他说，大多数乘客轻易就被一两节车厢拥挤的表面现象迷惑了，不大会细想在数十次停靠之中，从火车十几个车门上上下下的流动中蕴藏着不少提供座位的机遇；即使想到了，他们也没有那一份寻找的耐心。眼前一方小小立足之地很容易让大多数人满足，为了一两个座位背负着行囊挤来挤去，他们觉得不值；他们还担心万一找不到座位，回头连个好好站着的地方也没有了。与生活中一些安于现状、不思进取、害怕失败的人永远只能滞留在没有成功的起点上一样，这些不愿主动找座位的乘客大多只能在上车时的落脚之处一直站到下车。

自信、执著、富有远见、勤于实践，会让你握有一张人生之旅的永远坐票。

有世界第一CEO之称的前通用电气公司董事长杰克·韦尔奇出生在一个典型的美国中产阶级家庭。父母结婚16年后才有了这个独生子，父亲为"波士顿与缅因铁路公司"工作，早出晚归，所以培养孩子的任务就落在了母亲的肩上。

与其他独生子女的母亲不太一样，杰克的母亲对儿子的关心更主要体现在提升他的能力和意志上。杰克非常尊敬、崇拜自己的母亲："她是一位非常有权威的母亲，总是让我觉得自己什么都能干。是我母亲训练了我，让我学会了独立。每当我的行为稍有越轨，她就会一鞭子把我抽回来，但通常都是正面而且有建设性的，还能促使我振作起来。她向来不会说什么多余的话，总是那么坚决、积极、豪迈，我总是对她心服口服。"

　　母亲教给杰克3门非常重要的功课：坦率的沟通，面对现实，并且主宰自己的命运，这也是她始终抱持的理念。日后证明在杰克的管理生涯中，这种禀赋被发挥得淋漓尽致。

　　要掌握自己的命运，就必须树立自信。尽管杰克到了成年还略带口吃，可母亲说这算不了什么缺陷，只不过是想的比说的快些罢了。在母亲的教导下，略带口吃的毛病并没有阻碍杰克的发展，而实际上注意到这个弱点的人大都对他产生了某种敬意。美国全国广播公司新闻部总裁迈克尔对杰克十分敬佩，甚至开玩笑地说："他真有力量，真有效率，我恨不得自己也口吃。"

　　杰克的中学成绩足以保证他进入美国最好的大学，但因种种原因而事与愿违，他最终只进了麻州大学。开始时，他感到非常沮丧，但进入大学之后，沮丧就变成了庆幸。

　　"如果当时我选择了麻省理工学院，那我就会被昔日的伙伴们打压，永远没有出头的一天。然而，这所较小的州立大学让我获得了许多自信。我非常相信，一个人所经历的一切会成为建立自信的基石：包括母亲的支持、运动、上学、取得学位。"事实证明，杰克是麻州大学最顶尖的学生。

　　担任杰克大学班主任的威廉当时也看出了杰克成功的初期征兆："他总是很自信，他痛恨失败，即使在足球比赛中也一样。"

　　"自信"在日后成为了通用电气的核心价值观之一。杰克说："所有的管理都是围绕'自信'展开的。"1981年，杰克成为了GE历史上最年轻的CEO。在他的带领下，公司的市场价值从原来的120亿美元升到了超过4000亿美元，而且一直被公认为是管理最优秀和最受推崇的公司之一。

　　对事业怀有信心，相信自己，乃是获得成功不可或缺的前提。当然，其他因素也非常重要，但最基本的条件是激励自己达到所希望的目标的积极态度。怀有信念的人是了不起的，他们遇事不畏缩、不恐惧，即使稍感不安，最后也能自我超越；他们健壮而充满活力，能解决任何问题，凡事全力以赴，这些最终成就了他们的胜利。

自信的人能敞开成功的大门

　　全国各地每天都有不少年轻人开始新的工作，他们都"希望"能登上最高阶层，享受随之而来的成功的喜悦。但是他们绝大多数人都不具备必需的信心与决心，因此他们无法达到顶点。也因为他们相信自己达不到，以至于找不到登上顶峰的途径，所以他们的作为一直停留在一般人的水平。

但是，还有少部分人真的相信他们总有一天会成功，他们以"我就要登上巅峰"（这并不是不可能的）的积极态度来进行各项工作。这批年轻人仔细研究行业领军人物的各种作为，学习那些成功者分析问题和作出决定的方式，并且留意他们如何应付进退。最后，他们终于凭着坚强的信心达到了目标。

人们总是把成功看得那样神秘、那样遥远、那样高不可攀，其实，正如海因斯所发现的，成功的大门只是虚掩着，根本没有对我们关闭，只要我们轻轻一推，就可以打开。可惜的是，大多数人没有发现这一点，他们总是徘徊在大门外，没有信心、没有勇气去推开那扇成功的大门。

1968年，在墨西哥奥运会的百米赛道上，美国选手吉·海因斯撞线后，指示灯立刻打出9.95秒的字样，全场轰动，海因斯也摊开双手自言自语地说了一句话。这一情景通过电视向全世界转播，可是由于当时他身边没有话筒，谁也不知道他到底说了句什么。

1984年，洛杉矶奥运会前夕，一个叫戴维·帕尔的记者在回放墨西哥奥运会的资料片时，再次看到了海因斯的镜头。他想，这是人类第一次在百米赛道上突破10秒大关，海因斯在看到纪录的那一瞬，一定说了一句不同凡响的话。这一新闻点，竟被上千名记者给漏掉了，实在是一大遗憾。于是，他决定去采访海因斯，问他到底说了什么话。

当记者提起16年前的事时，海因斯想了想，笑着说："我说，上帝啊，那扇门原来虚掩着！"谜底揭开后，海因斯又继续说："自欧文斯1936年创下10.03秒的百米赛纪录后，医学界的权威们断言，人类的肌肉纤维所承载的运动极限不会超过每秒10米。大家都相信这一说法，但我想，即使无法突破10秒，我也应该跑出10.01秒的成绩。于是，我每天都以自己最快的速度跑50公里。当我在墨西哥奥运会上看到自己9.95秒的纪录后，我惊呆了，原来10秒的这个门不是紧锁着的，它是虚掩着的。"

这个世界上有无数的门都是虚掩着的，尤其是成功之门。但要推开这虚掩着的门，却并不是那么轻而易举，并非谁都能推开。

要推开虚掩之门，首先要有勇气，要敢想敢干、敢冒风险、打破常规，像马克思说的那样，这里拒绝一切犹豫和胆怯。许多成功之门之所以对我们紧闭着，其实并不是推不开，实际上，我们可能连想都没想过要推，更别说试一试了。

譬如"落体的速度与落体的重量成正比"——上千年来，人们都对古希腊亚里士多德的这条定律深信不疑，可伽利略就敢于提出怀疑，并进行了著名的比萨斜塔实验。于是，勇气和胆识帮助他轻轻地推开了成功之门。反之，被困难吓倒的人，不敢冲击禁区的人，墨守成规的人，畏首畏尾的人……总之一句话，就是缺乏自信的人，是永远无法推开成功之门的。

从演员到总统，这肯定不是一件容易的事情，甚至是绝大多数人都不会去想，更不会去尝试、去努力的事情，但是，罗纳德·里根却在他还是一个很普通的演员的时候，就立志要当一名总统，并且相信自己一定可以成为总统。当机会到来时，共和党内的保守派和一些富豪们竭力怂恿他竞选加州州长，里根毅然决定放弃大半辈子赖以生存的演员职业，坚决地投入到了从政的生涯中。结果大家都清楚，里根成为了美国第40任总统。

世界著名交响乐指挥家小泽征尔在一次欧洲指挥大赛的决赛中，按照评委会给他的乐谱指挥演奏时，发现有不和谐的地方。他认为是乐队演奏错了，就停下来重新演奏，但仍不如意。这时，在场的作曲家和评委会的权威人士都郑重地说明乐谱没有问题，而是小泽征尔的错觉。面对着一批音乐大师和权威人士，他思考再三，突然大吼一声："不，肯定是乐谱错了！"话音刚落，评判台上立刻报以热烈的掌声。

原来，这是评委们精心设计的圈套，以此来检验指挥家们在发现乐谱错误并遭到权威人士"否定"的情况下，能否坚持自己的正确判断。前两位参赛者虽然也发现了问题，但终因趋同权威而遭淘汰。小泽征尔则不然，因此，他在这次指挥家大赛中摘取了桂冠。想想看，要是换了别人，敢如此自信地指出是乐谱错了吗？

一个经理，他把全部财产都投资在了一种小型制造业上。由于世界大战爆发，他无法取得他的工厂所需要的原料，因此只好宣告破产。金钱的丧失，使他大为沮丧。于是，他离开妻子和子女，成为了一名流浪汉。他对于这些损失无法忘怀，而且越来越难过，他甚至想过跳湖自杀。

一个偶然的机会，他看到了一本名为《自信心》的书。这本书给他带来了勇气和希望，他决定找到这本书的作者，请作者帮助他再度站起来。

当他找到作者，说完他的故事后，那位作者却对他说："我已经以极大的兴趣听完了你的故事，我希望我能对你有所帮助，但事实上，我没有能力帮助你。"

他的脸色立刻变得苍白。他低下头，喃喃地说道："这下我完蛋了。"

作者停了几秒钟，然后说道："虽然我没有办法帮助你，但我可以介绍你去见一个人，他可以帮助你东山再起。"刚说完这几句话，流浪汉立刻跳了起来，抓住作者的手，说道："求求你，请带我去见这个人。"

于是，作者把他带到一面高大的镜子面前，用手指着镜子说："我介绍的就是这个人。在这个世界上，只有这个人能够使你东山再起。除非你坐下来，彻底认识这个人，否则，你只能跳到密歇根湖里去。因为在你对这个人作充分的了解之前，对于你自己或这个世界来说，你都将是个没有任何价值的废物。"

他朝着镜子向前走了几步，用手摸了摸自己长满胡须的脸孔，对着镜子里的人从头到脚打量了几分钟，然后退几步，低下头，哭了起来。

几天后，作者在街上碰见了这个人，但几乎认不出他来。他的步伐轻快有力，头抬得高高的，看起来一副很成功的样子。"那一天我进入你的办公室时，还只是一个流浪汉，但我对着镜子找到了自信。现在我找到了一份年薪3000美元的工作。我的老板先预支了一部分钱给我的家人。我现在又走上了成功之路。"他还风趣地说将再拜访作者一次，"我将带着一张签好字的支票，收款人是你，金额是空白的，由你填上数字。因为你介绍我认识了自己，幸好你要我站在那面大镜子前，把真正的我指给我看。"

自信心是一个人做事情与活下去的支撑力量，没有了这种信心，就等于自己给自己判了死刑。

5. 天生我材必有用，让自己信心百倍的8个办法

真正成功的人生，不在于成就的大小，而在于你是否努力地去实现自我，喊出属于自己的声音，走出属于自己的道路。

哲学家苏格拉底曾被人贬为"让青年堕落的腐败者"。

贝多芬学拉小提琴时，技艺并不精湛，他宁可拉他自己作的曲子，也不肯做技巧上的改善，他的老师说他"绝不是个当作曲家的料"。

达尔文当年决定放弃行医时遭到了父亲的斥责："你放着正经事不干，整天只管打猎、捉狗、捉耗子……"他曾在自传上透露："小时候，所有的老师和长辈都认为我资质平庸，我与'聪明'是沾不上边儿的。"

爱因斯坦4岁才会说话，7岁才会认字。老师给他的评语是："反应迟钝，不合群，满脑袋不切实际的幻想。"

牛顿在小学的成绩一团糟，曾被老师和同学称为"呆子"。

罗丹的父亲曾怨叹自己有个"白痴"儿子。在众人眼中，他曾是个前途无"亮"的学生，考了3次艺术学院都没考上，他的父亲曾绝望地说他没有一点儿用处。

《战争与和平》的作者托尔斯泰读大学时因成绩太差而被退学，老师认为他"既没有读书的头脑，又缺乏学习的兴趣"。

……

俄国作家契诃夫说得好："有大狗，也有小狗。小狗不该因为大狗的存在而心慌意乱。所有的狗都应当叫，就让它们各自用自己的声音叫好了。"

一个生长在孤儿院中的男孩悲观地问院长："像我这样没有人要的孩子，活着究竟有什么意思呢？"院长笑眯眯地对他说："孩子，别灰心，谁说没有人要你呢？"

有一天，院长亲手交给男孩一块普通的石头，说道："明天早上，你拿着这块石头到市场上去卖，但不是真卖。记住，无论别人出多少钱，绝对不能

卖。"男孩一脸迷惑地接下了这块石头。

第二天，他忐忑不安地蹲在市场的一个角落里叫卖石头。出人意料地，竟然有许多人要向他买那块石头，而且一个比一个价钱出得高。男孩记着院长的话，没有卖掉。回到院内，他兴奋地向院长报告，院长笑笑，要他明天拿着这块石头到黄金市场去叫卖。在黄金市场，竟然有人出比昨天高出十倍的价钱要买那块石头，但男孩仍旧拒绝了。

最后，院长叫男孩把那块普通的石头拿到宝石市场上去展示。结果，石头的身价比昨天又涨了十倍。由于男孩怎么都不卖，这块石头被人传扬成"稀世珍宝"，参观者纷至沓来。

男孩儿兴冲冲地捧着石头回到孤儿院，他眉开眼笑地将一切情景"禀报"给院长。院长亲切地望着男孩，徐徐地说道："生命的价值就像这块石头一样，在不同的环境下就会有不同的意义。一块不起眼的石头，由于你的珍惜、惜售而提升了它的价值，被说成是'稀世珍宝'。你不就像这块石头一样吗？只要自己看重自己，自我珍惜，生命就有意义、有价值。"

你相信自己吗？如果不相信，那你无能为力的事情就做不了，你力所能及的事情也做不了。

所谓"自信"的人，并不是指拥有发达的四肢、健壮的肌体的人，而是指有健全的思想，这是我们获得幸福、取得成功的前提。健全的思想中，很重要的一点就是不蔑视自己，敢于相信自己，做自己想做的事。

我们每个人都可能遭受情场失意、官场失位、商场失利等方面的打击，都会经受幸福时的欢畅、委屈时的苦闷、挫折时的悲观、选择时的彷徨，这就是人生。人生饱含酸、甜、苦、辣，你都有可能品尝到。

人生的幸福美满其实是人的一种感觉、一种心情。外部世界是一回事，我们的内心又是一种境界。一个人是欢欣鼓舞、兴高采烈，还是孤独苦闷、垂头丧气，主要由我们的心理、个体的态度来支配。事物本身只是影响我们的态度，并不能直接影响我们的心情。

这世上信心不足的人和营养不良的人一样多。信心不足这种"疾病"会使人把自己约束在昨日的生活模式之中，而不敢轻易尝试"突破现状"的努力，过着没有明天、没有希望的日子。营养不良会使人的身体无法正常发育，同样地，信心不足也会使人的能力无法得到充分发挥。

不同的是，营养不良有药可医，而信心不足必须靠自身努力来医治。只有靠自己来培养对自己能力的肯定与信赖，才能充实信心来源。

若想在你的人生里早一点获得成就，"自信"就是必要条件。

第一，有自信，内心里的恐惧、不安、孤独感皆将一扫而空；有自信，头脑会变得清晰、灵活，更富于创造力；有自信，可为你带来友谊，使你人缘奇佳；有自信，可以助你掌握机会，一步一步迈向成功。

第二，拥有充分的自信，会无声地感染别人，同时也能使自己成为一个富有魅力而又有力量的人。

如何让自己信心十足

信心十足并不等同于自高自大、自我浮夸，不要给自卑加上"不想出风头"的美丽谎言。"自信"是一种心理习惯，就和其他习惯一样，是后天养成的，是可以通过长时间的努力而加以改变的。

"习惯"是一个人思想和行为的支配者，是人类生活最有力的向导。起初是我们形成"习惯"，可是到后来，却是"习惯"支配我们的思想和行动。"习惯"可以在不知不觉中形成，也可以有意识、有目的地培养。特别是好习惯，大多是在有意识的训练中培养出来的。

一个不愿意虚度生命的人，会有意识、有步骤地培养自己的自信心，克服自卑感。

那么，该怎样培养自信心呢？

第一，恒久的远景目标和规划。

在心灵深处，对自己的未来发展要形成一个稳定、恒久的远景目标和规划。牢牢地把握这一目标，无论何时何地，只要影响你的消极思想一产生，理性的声音、积极的思想就应立即把它驱逐出去。只有当困难确实存在的时候才能考虑对策，藐视任何一个所谓的障碍，采取切实有效的办法把它们减少到最低限度，或者消灭，千万不要因为畏难心理而过高地估计它们。正确地估计自己的力量，不要因为敬畏而模仿别人，也不要变成一个自我中心主义者，但要保持应有的自尊。

第二，正确对待失败，扬长避短。

遭遇一时的挫折乃至失败是非常正常的现象，对此，我们既要认真总结经验教训，又要保持平常之心，不被"失败"击倒。每个人都有各自的优点和弱势，要全面正确地评价自己，既不能为自己的长处沾沾自喜，也不要盯住自己的短处而顾影自怜。要善于发现和挖掘自己的优势，以弥补自己的不足。

第三，宣传自我，广交朋友。

良好的仪表会给自己带来良好的心情，你的好心情也会感染到别人，使他人快乐。所以，要大胆向别人展示自己，让别人了解你。同时，朋友的关心会让你感觉温暖，朋友的夸赞会让你信心大增。有了朋友就好比有了一面镜子，有了朋友就像重新塑造了一个自我。朋友间的交流会在不经意间给你面对生活的灵感，有个自信十足的朋友也会把你带向自信的氛围中。

第四，挑前面的位子。

无论在什么样的聚会中，后面的座位总是先被坐满，因为人们都希望自己不会"太显眼"，而不想"太显眼"的原因就是缺乏自信心。坐在前面能建立信心！把它当做一个规则试试看，从现在开始就尽量往前坐。当然，坐前面的确会比较显眼，但要记住，有关成功的一切都是"显眼"的。

第五，练习正视别人。

一个人的眼神可以透露出许多信息。当一个人对你说话而不正视你的时候，你会不自觉地问自己："他想要隐藏什么呢？他怕什么呢？他会对我不利吗？""不正视别人"通常意味着：在你旁边，我感到很自卑；我感到不如你；我怕你；我有罪恶感；我做了或想到了什么我不希望你知道的事；我怕一接触到你的眼神，你就会看穿我，等等，而这些都是一些负面的影响。要正视他人，正视别人等于告诉他：我很自信；我很诚实；我相信我告诉你的话是真的；毫不心虚。让你的眼神专注别人，这不但能给你带来信心，也能为你赢得别人的信任。

第六，加快你走路的速度。

许多心理学家将懒散的姿势、缓慢的步伐跟"对自己、对工作以及对别人的不愉快的感受"联系在一起。但是，心理学家也告诉我们，借着改变姿势与速度，可以改变心理状态。你若仔细观察就会发现，身体的动作是心灵活动的结果。那些遭受打击、被排斥的人，走路都拖拖拉拉，完全没有自信心。普通人有"普通人"走路的模样，做出"我并不怎么以自己为荣"的表白；而有些人走起路来则表现出了超凡的信心。

抬头挺胸走快一点，你会感到"信心"在你的心中滋长。

第七，当众发言。

有很多人思维敏锐、天资聪颖，却无法发挥他们的长处，这并不是他们不想参与，而只是由于他们缺少信心。在会议中沉默寡言的人都认为："我的意见可能没有价值，如果说出来，别人可能会觉得我很愚蠢，我最好什么也不说。而且，其他人可能比我懂得多，我并不想让他们知道我是这么无知。"这些人常常会对自己许下很渺茫的诺言："等下一次再发言。"可是他们很清楚自己是无法实现这个诺言的。长久下去，这些人就会越来越没自信。

不论是参加什么性质的会议，每次都要主动发言，要做"破冰船"，第一个打破沉默。不要担心你会显得很愚蠢，因为总会有人同意你的见解。

第八，咧嘴大笑

"笑"能给自己带来实际的推动力，它是医治信心不足的良药。真正的笑不但能治愈我们自己的不良情绪，还能马上化解别人的敌对情绪。如果你真诚地向一个人展颜微笑，他实在无法再对你生气。

第二章

行 动 篇

——屡战屡败与屡败屡战，学会在坚持中"蹦极"

现实中有太多的人曾无数次被逆境击倒、欺凌甚至碾得粉身碎骨，进而失魂落魄，觉得自己一文不值！

事实上，无论发生什么，或将要发生什么，我们都永远不会丧失价值，我们依然是无价之宝。只要我们抱着大不了从头再来的勇气，屡败屡战，在坚持中"蹦极"，下次的成功就一定属于自己。

1. 每种逆境都含有等量利益的种子

人生在世，不可能万事都一帆风顺。当你遭遇到失败时，当一切似乎都是暗淡无光时，当你的问题看起来似乎不会有什么好的解决办法时，你该怎样做呢？难道你要无所作为，听任困难压倒你吗？每种逆境都含有等量利益的种子，只要心存信念，勇敢地站起来，总会有奇迹发生。

面对挫折和失败，你需要重整旗鼓，乱中求变

美国作家欧·亨利在他的小说《最后一片叶子》里讲了个故事：病房里，

一个生命垂危的病人从房间里看见窗外的一棵树，在秋风中，树叶一片片地掉落下来。病人望着眼前的萧萧落叶，身体也随之每况愈下，一天不如一天。她说："当树叶全部掉光时，我也要死了。"一位老画家得知后，用彩笔画了一片叶脉青翠的树叶挂在树枝上。最后一片叶子始终没掉下来。只因为生命中的这片绿，病人竟奇迹般地活了下来。

有个年轻人去微软公司应聘，而该公司并没有刊登过招聘广告。见总经理疑惑不解，年轻人用不太娴熟的英语解释说，自己是碰巧路过这里，就贸然进来了。总经理感觉很新鲜，便破例让他一试。面试的结果出人意料，年轻人表现很糟糕。他对总经理的解释是事先没有准备，总经理以为他不过是找个托词下台阶，就随口应道："等你准备好了再来试吧。"

一周后，年轻人再次走进微软公司的大门，这次他依然没有成功。但比起第一次，他的表现要好得多。而总经理给他的回答仍然同上次一样："等你准备好了再来试。"就这样，这个年轻人先后5次踏进微软公司的大门，最终被公司录用，并成为公司的重点培养对象。

也许，我们的人生旅途上沼泽遍布、荆棘丛生；也许，我们追求的风景总是山重水复，不见柳暗花明；也许，我们虔诚的信念会被世俗的尘雾缠绕，而不能自由翱翔；也许，我们高贵的灵魂暂时在现实中找不到寄放的净土……那么，我们为什么不可以以勇敢者的气魄，坚定而自信地对自己说一声"再试一次"？再试一次，你就有可能达到成功的彼岸！

罗尔夫·斯克尼迪尔是享誉全球的制表集团公司的总裁。当人们问及其从事制造高精密度手表多年中最自恃的理念是什么时，他回答道："永不低头，做'失败'的头号敌人。"

成功的背后，必是不能自主的挫折，对于罗尔夫·斯克尼迪尔来说，亦是如此，但他永远踩着比别人更不屈不挠的步伐，失败、跌倒对他来说只是寻常小事。也正因为如此，罗尔夫·斯克尼迪尔说："我是'失败'的头号敌人，因为我从不轻易放弃任何一件事情与机会，所以也绝不会被失败打倒。"

曾操盘过蜂星电讯100亿资本的女杰李艳，在2003年4月加盟索尼爱立信移动通信产品(中国)有限公司，担任分销管理副总裁。当时，正是整个业界对索尼爱立信质疑最深的时候。这个由两个巨头组成的公司，在成立一年多的时间里，一直在低谷里徘徊。在进入索尼爱立信之后，李艳遇到了平生最大的挑战。就任之后，李艳对原有的索尼爱立信渠道进行了大刀阔斧的改革。

在产品划分上，以前的手机厂商往往按照颜色给分销商划分，而李艳并没有这样做，而是分析两家总代在不同区域的实力强弱而赋予其不同地区的总代权。

此后，李艳将索尼爱立信的销售大区进行了重组，由原来分为中、南、西、北四个大区，转化为南、中、北三个区，并将各大区和分销商的责任义务进一步明确。在终端奖励和促销上也由此有所加强，昔日代理商抱怨的渠道管理不善，"人人管事等于没人管事"的局面就此结束。

在2003年，索尼爱立信终于推出了T618、P802这样带有索尼爱立信基因的、时尚精制的产品。改良后的渠道体系与精美的产品相结合，让索尼爱立信打了一个漂亮的翻身仗。

面对挫折和失败，你需要重整旗鼓，乱中求变。变有可能成功，也可能不成功，但成功就产生在你最后坚持的时候。你开始在怀疑自己的方法对不对的时候，逐渐丧失信心的时候，曙光就出现了。确实，坚持到最后一刻，成功就会向你招手。

危险总是孕育着机会，逆境中总是有机遇

遭遇逆境未必就不是好事，危险总是孕育着机会，黎明前总是太黑。当你身处逆境，换个角度去思考，说不定就能发现暗藏在其中的机遇，坏事也就成了改变你命运的好事。机会不仅是给有准备的人，还是给那些在危机中看到机遇、善于开动脑筋的人。面对生活中的逆境，不一味抱怨，肯用心留意，便时时皆机遇、处处有财富。

古埃及国王有一次举行盛大的国宴，厨工在厨房里忙得不可开交。一名小厨工不慎将一盆羊油打翻，吓得他急忙用手把混有羊油的炭灰捧起来

往外扔。扔完后去洗手，他发现手滑溜溜的，特别干净。小厨工发现这个秘密后，悄悄地把扔掉的炭灰捡了回来，供大家使用。后来，国王发现厨工们的手和脸都变得洁白干净，便好奇地询问原因。小厨工便把自己的事情告诉了国王。国王试了试，效果非常好。很快，这个发现便在全国推广开来，并且传到了希腊、罗马。没多久，有人根据这个原理研制出流行世界的肥皂。

我们谁都不愿意失败，因为失败意味着以前的努力将付诸东流，意味着一次机会的丧失。不过，一生平顺，没遇到失败的人，恐怕是少之又少。所有人都存在谈败色变的心理，然而，若从不同的角度来看，失败其实是一种必要的过程，而且也是一种必要的投资。数学家习惯称失败为"或然率"，科学家则称之为"实验"，如果没有前面一次又一次的"失败"，哪里有后面所谓的"成功"？

全世界著名的快递公司DH创办人之一的李奇先生，对曾经有过失败经历的员工情有独钟。每次李奇在面试即将走进公司的人时，必定会先问对方过去是否有失败的经历。如果对方回答"不曾失败过"，李奇便会直觉地认为对方不是在说谎，就是不愿意冒险尝试挑战。李奇说："失败是人之常情，而且我深信它是成功的一部分，有很多的成功都是由于失败的累积而产生的。"

李奇深信，人不犯点错，就永远不会有机会，从错误中学到的东西，远比在成功中学到的多得多。

另一家被誉为全美最有革新精神的3M公司也非常赞成并鼓励员工冒险，只要有任何新的创意都可以尝试，即使在尝试后是失败的。虽然每次失败的发生率是预料中的60%，但3M公司仍视此为员工不断尝试与学习的最佳机会。

3M坚持的理由很简单，失败可以帮助人再思考、再判断与重新修正计划，而且经验显示，通常重新检讨过的意见会比原来的更好。

美国人做过一个有趣的调查，发现在所有企业家中平均有3次破产的记录；即使是世界顶尖的一流选手，失败的次数也毫不比成功的次数"逊色"。例如，著名的全垒打王贝比路斯，同时也是被三振最多的纪录保持人。

失败并不可耻，不失败才是反常，重要的是面对失败的态度，是能反败为胜，还是就此一蹶不振。杰出的企业领导者绝不会因为失败而怀忧丧志，他们会回过头来分析、检讨、改正，并从中发掘重生的契机。

沮特·菲力说："失败，是走上更高地位的开始。"许多人之所以获得最后的胜利，正是受惠于他们的屡败屡战。没有遇见过大失败的人，反而不知道什么是大胜利。

上帝在关上一扇门的同时会打开另一扇窗户

失败给成功创造了机会。当你再度回到起点时，谨慎为之，并将注意力集中在过程上。利用这一方法，可使自己得到训练。

犹太人说，这世界上卖豆子的人应该是最快乐的，因为他们永远不必担心豆子卖不完。

犹太人为什么不怕豆子卖不完？

豆子卖不完，可以拿回家磨成豆浆，再拿出来卖给行人；如果豆浆卖不完，可以制成豆腐；豆腐卖不完，变硬了，可当作豆腐干来卖；而若豆腐干卖不出去，可把这些豆腐干腌起来，变成腐乳。

还有一种选择是：卖豆人把卖不出去的豆子拿回家，加上水让豆子发芽，几天后就可改卖豆芽；若豆芽卖不动，就让它长大些，变成豆苗；如豆苗还是卖不动，再让它长大些，移植到花盆里，当作盆景来卖；如果盆景依旧卖不出去，那就再把它移植到泥土中去，让它生长，几个月后，它就会结出许多新豆子。一颗豆子变成上百颗豆子，这是多划算的事！

一颗豆子在遭遇冷落的时候，可以有无数种精彩的选择，一个人更是如此。

人生总免不了要遭遇这样或者那样的失败。确切地说，我们每天都在经受和体验各种失败。有时候，我们甚至会在毫不经意和不知不觉之间与失败不期而遇。面对失败，我们往往会采取习惯的对待失败的措施和办法——或以紧急救火的方式扑救失败，或以被动补漏的办法延缓失败，或以收拾残局的方法打扫失败，或以引以为戒的思维总结失败……条条大路通罗马。当我们失败时，如果能够静下心来，坦然面对，换一个角度去思考，那么在我们从另一个出口走出去时，就有可能看到另一番天地。

李铁是一个很有事业心的人，他在一家销售公司跟着老板一干就是5年，从一个刚毕业的大学生一直做到了分公司的总经理职位。在这5年里，公司逐渐成为同行业中的佼佼者。李铁为公司付出了许多，他很希望通过自己的努力能将企业带入一个更加成功的境地。然而，就在他兢兢业业拼命工作的时候，李铁却发现老板变了，变得不思进取、"牛"气十足，对自己渐渐地不信任，许多做法都让人难以理解，而李铁自己也找不到昔日干事业的感觉了。

同样，老板也看李铁不顺眼，说李铁的举动使公司的工作进展不顺利，有点碍手碍脚。不久，老板便把李铁解雇了。

从公司出来后，李铁并没有气馁，他对自己的工作能力依旧充满了信心。不久，李铁发现有一家大型企业正在招聘一名业务经理，便将自己的简历寄给了这家企业。没过几天，他就接到了面试通知，和老总面谈，并最终顺利得到了这份工作。工作了大约一个月后，李铁十分欣赏该公司总经理的气魄和工作能力；同时，他也感到总经理同样十分赏识他的才华与能力。在工作之余，总经理经常约他一起去游泳、打保龄球或者参加一些商务酒会。

在工作中，李铁发现公司的企业图标设计相当繁琐，虽然有美感，但却缺乏应有的视觉冲击力，便大胆地向总经理提出了更换图标的建议。没想到，总经理也早有此意，于是直接把这件事安排给李铁去完成。为了把这项工作做好，李铁亲自求助于图标设计方面的专业人士，从他们设计的作品中选出了比较满意的一个。当他把设计方案交给总经理的时候，总经理大加赞赏，立马升李铁为公司副总。

是的，被解雇并不是一件坏事。李铁面对无情的解雇，凭借着才能找到了更适合自己的工作，而且得到了一位真正"伯乐"的赏识。

路就在脚下，走过去，前面也许有更光明的一片天空在等着我们。

上帝在关上一扇门的同时会打开另一扇窗户，机遇的诞生可能就在这一切发生之时。

2. 坚持积极心态,让笑容帮你打开机遇之门

人与人之间只有很小的差异,但这种很小的差异却造成了巨大的差别! 很小的差异就是所具备的心态是积极的还是消极的,巨大的差别就是成功与失败。成功人士的首要标志,就是他们有热情积极的心态。一个人如果心态积极,乐观地面对人生,乐观地接受挑战和应付麻烦事,那他就成功了一半。

没有什么比失去热忱更使人觉得垂垂老矣

塞尔玛陪伴丈夫驻扎在一个沙漠的陆军基地里。丈夫奉命到沙漠里去演习,她一个人留在陆军的小铁皮房子里,天气热得受不了——在仙人掌的阴影下也有华氏125度。她没有人可以聊天——身边只有墨西哥人和印第安人,而他们不会说英语。她非常难过,于是写信给父母,说要丢开一切回家去。她父亲的回信只有一句话,这一句话却永远留在了她心中,完全改变了她的生活:两个人从牢中的铁窗望出去,一个看到泥上,一个却看到了星星。

塞尔玛一再读这封信,觉得非常惭愧。她决定要在沙漠中找到星星。

塞尔玛开始和当地人交朋友,她对他们的纺织、陶器表示兴趣,他们就把最喜欢但舍不得卖给观光客人的纺织品和陶器送给了她;她也开始研究那些引人入迷的仙人掌和各种沙漠植物、物态,又学习了有关土拨鼠的知识;她观看沙漠日落,还寻找海螺壳,这些海螺壳是几百万年前这沙漠还是海洋时留下来的……原来难以忍受的环境变成了令人兴奋、留连忘返的奇景。

沙漠没有改变,印第安人也没有改变,是什么使塞尔玛发生了这么大的转变呢?是她的心态,是她对生活的一种热情。重燃的生活热情使她把原先认为恶劣的情况变成了一生中最有意义的冒险。她为发现新世界而兴奋不已,并为此写了一本书,以《快乐的城堡》为书名出版了。她从自己造的牢房里看出去,终于看到了星星。

"一个人如果缺乏热情，那是不可能有所建树的。"作家拉尔夫·爱默生说，"热情像浆糊一样，可让你在艰难困苦的场合里紧紧地粘在这里，坚持到底。它是在别人说你'不行'时，发自内心的有力声音——'我行'。"

麦当劳的老板克罗克的故事很好地说明了这一点。

克罗克一出生，就与一个本来可以发大财的时代擦肩而过——向西部淘金的运动结束了。而正当他准备上大学时，又迎来了1931年的美国经济大萧条。他不得不顺从囊中羞涩的现实，辍学去搞房地产。可房地产生意刚有起色，第二次世界大战又打起来了，人们都只顾逃命，哪有心思买房？于是房价急转直下，克罗克又是竹篮打水一场空。这以后，他到处求职，曾做过急救车司机、钢琴演奏员和搅拌器推销员。但似乎一切都不顺，不幸几乎没离开过克罗克。

尽管如此，克罗克仍是热情不减，执著追求，毫不气馁。1955年，在外面闯荡了半辈子的他空手回到了老家。在卖掉了家里的一份小产业后，克罗克开始做生意。这时，他发现迪克·麦当劳和迈克·麦当劳开办的汽车餐厅生意十分红火。经过一段时间的观察，他确认这种行业很有发展前途。当时克罗克已经52岁了，对于多数人来说这已是准备退休的年龄，可这位门外汉却决心从头做起，到这家餐厅打工，学做汉堡包。后来，他毫不犹豫地借债270万美元买下了麦氏兄弟的餐厅。经过几十年的苦心经营，麦当劳现在已经成为全球最大的以汉堡包为主食的快餐公司，在国内外拥有7万多家连锁分店，年销售额高达近200亿美元，克罗克也被誉为"汉堡包王"。

生活处处有磨难，关键在于你用怎样的心态去面对。成功者与失败者的差别就在于成功者有积极的心态和高昂的热情。正因为克罗克拥有热情的心态，才使得命运如此瑰丽多彩。

印度有一个古老的故事：佛祖为了消除人们的疾苦，从人间选了100个自以为最痛苦的人，让他们把自己的痛苦写在纸上。写完后，佛祖说："现在，请你们把手中的纸条相互交换一下。"

结果，这100个人交换看了别人的纸条之后，个个都非常惊奇。

过去总以为自己是最"不幸"的人，现在才知道很多人比自己更痛苦，还有什么消沉的理由呢？一切事物都有两面性，问题在于我们自己怎样去审视、怎样去选择。面对太阳，你眼前是一片光明；背对太阳，你看到的是自己的影子。

乐观本身就是一种成功，培养乐观之心，凡事多往好处想，这是心理健康的前提，也是幸福人生的关键之一。

再苦也要学会笑，因为笑容能帮你打开机遇大门

毫无疑问地，几乎所有人都喜欢看到面带笑容的脸庞，大家都希望看到的是一个散播快乐的人，脸上始终挂着发自内心的美好微笑。

因此，如果一个已经陷入困境的人，仍不用心控制和调整自己的精神及面貌，还肆意地把愁苦暴露出来，那么，他除了能获取一些旁人的可怜、同情，或者幸灾乐祸的嘲笑外，更多的，恐怕是慌忙地躲避。没有会乐意在一个整天絮叨、愤怒、仇恨的人身边多待。

可见，让自己开朗起来，用乐观和平静去对付各种磨难，除了可以保持自己的格调外，还能赢得更多人的尊敬和关注，同时也能赢得改善生活的机会。

美国总统里根是一个让人印象深刻的杰出人物。和所有出身低微、贫苦的普通孩子一样，他的生活充满了酸涩。但可喜的是，尽管家庭条件异常窘迫，乐天派的他却毫不自卑、胆怯，遇到任何人、任何事，他都是一脸微笑。

里根小时候曾被父母锁在堆着马粪的房间里受训，让人吃惊的是，当家人以为他会大哭大闹的时候，他却拿起一把铲子准备移动那些粪便。面对父母诧异的目光，他兴奋地说："这里这么多马粪，我想，在这附近一定有一只小马！"所有人都被他独特的想象和超凡的乐观感染，忍不住笑出声来。

正是因为具备这种可贵的特质，所以当困苦和艰难来临的时候，里根没有皱眉愤怒，而是努力地顺应变化——他去球场卖爆米花，去建筑工地做临时工，做公园的业余救生员，在学校餐厅刷盘子……凡是可以独立完成的工作，他都乐意去接受。而他所有的付出，都是为了减轻家庭的负担，为将来创造机会。

风雨坎坷，里根的人生逐渐呈现出一片绚烂。在从政之前，他做过许多职业，不仅是一名出色的体育播音员，还曾是一个作品颇多的专业演员(29年间拍摄了51部电影)。在里根69岁这年，他成为了美国历史上年龄最大的总统，同时，他也是第二次世界大战结束后第一位任满两届的美国总统，他终于实现了自己出人头地的愿望。里根很聪明，他用他的自信和快乐——一种始终没有被贫困生活所击败，也没有被富贵的气势所压抑的自信和快乐，打动了整个世界，让生命的奇迹一次次在银幕之外真实发生。

现实生活中，命运常常会突然偏离既定的轨道，让人措手不及。但是，唯有热情、乐观的心是绝对不能和那些外在物质一起失去的！

桑德斯上校是美国肯德基的创始人，而在他创业的历程中，他也是用明朗的笑声和平和的态度迎接机会，并且取得成功的。退休后，桑德斯的经济状况一度极为糟糕，除了一张只有105美元的救济金支票外，他可以说是一无所有。这个时候，他意识到如果不尽快找到出路，他接下来要做的就是等待死亡，于是，他开始思考自己能够挖掘的资源。突然，他想到了一份母亲留下的炸鸡秘方，他开始一家餐厅一家餐厅地询问，希望能够以秘方入股，分取一定的报酬。然而，很多人都拒绝了他，有的甚至当面嘲笑他。

面对打击和嘲弄，桑德斯上校丝毫没有气馁，他一边修正自己的说辞，一边用心找出能把炸鸡做得更美味的方法，以便有机会说服下一家餐馆。终于，在两年时间里，被整整拒绝了1009次之后，桑德斯的提议被一家餐馆老板接受了。

多年过去了，这个始终微笑的老爷爷所创建的肯德基，已成为世界著名的快餐连锁企业，不断收获着财富和荣誉。

可以想象，要是桑德斯上校面带愁容地去向人介绍秘方，谁会接受这个对自己都失去了信心的老人的提议呢？要是他没有用这张可爱的笑脸去开路，我们又怎么能在大街上看到一家家的肯德基店铺呢？

笑是一颗种子，让你在等待中收获甜美的果实！笑是一个友好的信号，让那些好事、机会源源不断地进入你的生活！

请检查一下自己的情绪仓库，当你每天带着它出门时，你究竟露出了什么样的表情？给自己和别人什么样的感受？请不要吝惜你的笑容，开朗地笑吧。

3.提高你的逆境商数，学会在逆境中"蹦极"

一个人逆境商数愈高，愈能以弹性面对逆境，积极乐观，接受困难的挑战，发挥创意找出解决方案，不屈不挠，愈挫愈勇，最终赢得卓越成就。

相反的，逆境商数低的人，则会感到沮丧、迷失，处处抱怨，逃避挑战，缺乏创意，最终半途而废、自暴自弃，终究一事无成。

逆境商数不但与我们的工作表现息息相关，更是一个人是否快乐的重要关键。不论是在职或待业，突发状况的发生机率都会提高，因此练就一身回应逆境的好本领十分重要。

当逆境找上门来时，你该如何反应

一位女儿对父亲抱怨自己的生活，她已厌倦抗争和奋斗，想要自暴自弃。

她的父亲把她带进厨房，分别往3只烧开了水的锅里放了胡萝卜、鸡蛋以及咖啡粉。大约20分钟后，父亲把火关了，问女儿："亲爱的，你看见了什么？"女儿对父亲的举动疑惑不解。

父亲解释道，这3样东西面临同样的逆境——煮沸的开水，但其反应各不相同。胡萝卜入锅之前是强壮的，但进入开水之后，它变软了；鸡蛋原来是易碎的，但是经开水一煮，它的内脏变硬了；而咖啡粉则很独特，进入沸水之后，它们改变了水。

"哪个是你呢？"他反问女儿。

当逆境找上门来时，你该如何反应？你是胡萝卜、鸡蛋，还是咖啡粉？面对逆境，有的人自暴自弃，有的人却越挫越勇。

那么，行走职场，你是否也在经受来自"逆商"的考验？你的"逆商"指数有多高？眼下的挫折又能否变为财富？

外科医生阿费列德在解剖尸体时发现了一个奇怪的现象：那些患病器官并不像我们想象的那样糟，相反，它们比其他健康器官的机能还要强。经过深入研究，阿费列德发现，这些器官在与疾病的长期抗争中，因不断经受考验而变得越来越强。在给美术学院学生治病时，阿费列德又发现了一个奇怪的现象：这些学生的视力大不如其他专业的学生，有的甚至是色盲。但缺陷没有成为他们的"拦路虎"，反而成了他们前行的"原动力"。由此，阿费列德提出了著名的"跨栏定理"：你面前的栏越高，你跳得就越高。即，一个人的成就大小往往取决于他所遇到的困难的程度。

许多人之所以能够取得成功和进步，并不是因为他们经历的逆境少，而是恰恰相反。美国的《成功》杂志每年都会评选当年最伟大的东山再起者，他们的传奇经历中都有一个共同点——他们在遇到难以克服的困难时始终保持乐观的态度，从不轻言放弃。实际上，许多成功者正是在逆境、困难的磨炼中成长起来的。无数事实证明，越是优秀的人才，越能在身处逆境时激发活力、释放潜能。

生活中，许多人都不愿遇到困难和矛盾。在困难面前，他们会心情焦躁、寝食难安，甚至觉得暗无天日；而一旦克服了困难、解决了矛盾，他们又会觉得欣喜异常、天蓝水美。

矛盾无时不在、无处不有，我们应该学会以平常心来对待矛盾和困难。活着，就是遇到困难、克服困难、再遇到新困难、再去战胜困难的过程。不断战胜困难、超越自我，正是生命的意义所在。国家女排前主教练陈忠和说得好："人生就像打牌，当你拿到一副不好的牌却能打好，这才能体现人生价值。"

抱怨是最没意义的事情

很多时候，一件事，一个人，就能令我们长时间地烦恼，或者悲伤，抱怨也就随之而来，情况则会变得更加糟糕。我们之所以抱怨，是因为不满，而不满多半是因为对别人的苛求。

之所以说是苛求，是因为别人的样子是你所不能改变一丝一毫的，比如你的老板脾气就是不好，你的同事说话就是有点让人难以接受，你的朋友吃饭的口味就是无法和你保持一致等。对这些，一些人选择了抱怨，但那能怎样呢？完全无济于事，不过是徒增自己的烦恼而已。

我们抱怨别人身上的某些缺点，甚至难以忍受，都是因为我们想改变别人，但这不可能实现。与其在抱怨中制造坏情绪，不如试着去改变自己，也许局势就会朝着有利于你的方向发展。

简诃毕业于英国的剑桥大学，又在德国的佛莱堡大学拿到了硕士学位，是位矿冶工程师。他满怀信心地去找美国西部的大矿主刘易斯应聘，却遇到了麻烦。

矿主刘易斯是个脾气古怪又很固执的人，他自己没有文凭，也不相信那些文质彬彬又专爱讲理论的工程师。简诃递上自己引以为傲的文凭，满以为老板会对他另眼相看，而刘易斯却很不礼貌地对简诃说："对不起，我可不需要什么文绉绉的工程师。德国佛莱堡大学的硕士，你的脑子里装满了一大堆没有用的理论。"

简诃听了他的话，没有生气地扭头走人，而是故作神秘地说："假如你答应不告诉我父亲的话，我要告诉你一个秘密。"

刘易斯表示同意，于是简诃对刘易斯小声说："其实我在德国的佛莱堡并没有学到什么，那3年就是混日子。我之所以在那待到毕业，完全是因为我的父亲，他身体不太好，我不想惹他不高兴。"

刘易斯听了赞许地点头说："好，那明天你就来上班吧。"

相信大多数人在遇到刘易斯这样一位顽固不化的老板时，都会愤愤地甩手走人，并且向其他人抱怨自己曾遇到了一个多么可笑和固执的老板。简诃却没有这么做，他没有抱怨，而是随机应变，迎合了他的观点，最终得到了这份工作。

抱怨纵然能解一时怒气，但是并不能解决问题，更不能让我们成为最后的赢家。所以，为了更长远的利益，抱怨别人不如改变自己。

H是一家电视台的记者，颇有才华，白天采访财经线，晚上播报7点半的黄金档，一切似乎都很圆满。偶然的一次，H不小心得罪了他的顶头上司——新闻部主管，之后，他就被以不适合播报黄金档为由，改播深夜11点的新闻。

H知道这是新闻部主管给自己小鞋穿，但他没有反驳，更没有抱怨，而是欣然接受，他说："谢谢主管，因为我早盼望运用6点钟下班后的时间进修，却一直不敢提。"

此后，H果然每天一下班就跑去进修，并在10点多赶回公司，预备夜间新闻的播报工作。他把每一篇新闻稿都先详细过目，充分消化，丝毫没有因为夜间新闻不那么重要，而有任何松懈。

由于H的认真和努力，他主持的夜间新闻受到了大家的好评，收视率也有了很大的提高。然后，就有观众不断写信问，为什么H只播深夜，不播晚间？消息传到了台长那里，台长找来了新闻部主管，责令他立刻将H调回7点半的黄金档。

H又回到了黄金档，但是没多久，新闻部主管又让学财经出身的H改跑其他路线，这对跑财经已颇有名气的H来说，简直是一种侮辱。H不禁怒火中烧，但他强迫自己冷静下来，依然毫无怨言地接受了。

后来有一天，台长打电话给新闻主管说："明天有财经首长来公司晚宴，请H作陪。"

新闻部主管说："报告总经理，H已经不跑财经路线了。"

"他怎么能不跑财经路线呢？他不是学财经的吗？不跑也得来参加，他是专家，饭后由他作个专访。"

从此，每有财经界的重要人物来电视台，都会由H作陪，并顺便专访。渐渐地，同事们都议论说："看见没？H现在是大牌了，只有来了重要人物才由他出面采访呢。"而接受H采访的人也都以此为荣，那些没有接受过H采访的人则有了怨言。

"不能厚此薄彼，以后财经一律由H跑，别人不要碰。"台长又发话了。于是，新闻主管部不得不把H"请"回财经记者的位子。

屡次整治H都不成功，这让新闻主管很恼火。不久，他又拒绝了H提出的做益智节目的要求，让他去制作一个新闻评论性的节目。这类节目通常都吃力不讨好，收入又不多，再加上新闻性节目要赶时间，非常麻烦。

但H仍然没有抱怨地接受了下来，别人说他傻，他也不辩解。慢慢地，节目上了轨道，有了名声，参加者都是一时的要人。台长见参加者大多是重要官员，便要求亲自审核H制作的脚本。之后，H与台长当面讨论节目的机会多了，他也渐渐成了台里的热门人物。一年后，原来新闻部的主管调走了，H理所当然地接任了这个职位。

面对新闻部主管一次又一次的刁难，H没有抱怨，而是更加地努力，终于凭借自己的实力，成了最后的赢家。如果H把精力都花在了抱怨上，他也许早就被新闻部主管整走了，哪里还能有后来的成绩？

身处社会，就要与形形色色的人打交道，显然并不是每个人都是我们期望的那样，甚至他们会为了某个目的而不择手段。对此，我们奈何不了，抱怨更是无济于事，不如学会忍耐，改变自己，去赢得最后胜利的机会。

这个世上没有绝对的公平，失败是一种特殊的考验

对于"命运"，不同的人有不同的理解和看法。很多成功人士喜欢说他们的"运气"好，而有些不大爽的人总是抱怨自己的"命"不济，抱怨命运不公，抱怨社会不公平、人生无常等。理性点来看，人类社会乃至自然界，从来就不是公平的，但也正是因为这种不公平才给了我们成功的可能。

"人生是不公平的，你要习惯适应它。"这是比尔·盖茨赠给青年朋友的10句话之一。比尔·盖茨是清醒的，也是冷酷的，他用这句话告诉青年朋友们一个事实，那就是人生的不公平。

为什么有些人美丽漂亮，有些人丑陋庸俗；有些人高，有些人矮；有些人能一目十行，有些人十目都看不了一行；有些人家财万贯，有些人寅吃卯粮；有些人生在贫困战乱的地区，有些人生在富裕安定的国家？

一句话，这个世上没有绝对的公平，如果真的绝对公平了，反而是另一种不公平。

作为一个在职场中闯荡沉浮的人，要时时刻刻明白这一点，以平常心接受这个现实。如何在不公平的人生中找到自我，平衡心态，通向成功，值得每一个职业者深思。

生活不可能时时处处都去适应我们，也不可能为了适应我们而发生改变。既然无法让生活适应自己，那么我们就必须学会去适应生活，接受这个不公平的世界，接受人生中不公平的一切，努力完善自己。

面对不公平，抱怨是无济于事的，也是苍白无力的，只有通过努力才能改善处境。许多成功的人正是在克服困难的过程中，形成了高尚的品格；相反，那些常常抱怨的人，终其一生也无法产生真正的勇气、坚毅的性格，自然也就无法取得应有的成就。与其毫无意义地抱怨和唠叨，不如去寻找那些值得欣赏的东西，赞美它、支持它、拥护它、理解它，结果会大不相同，嘲弄和抱怨是慵懒、懦弱无能的最好诠释。

承认人生并不公平需要勇气，但是，我们必须认识到这一点。只有承认生活是不公平的客观事实，并接受这不可避免的现实，放弃抱怨、沮丧，以平常心、进取心对待生活，我们才能离公平更近。

4. 没有任何才能不需要后天的坚持和学习

没有人能只依靠天分成功。上帝给予了天分，勤奋将天分变为天才。没有任何才能不需要学习，不需要后天的坚持和奋斗。

只有在学习中，才能全面提升竞争力

中国近代史上的风云人物曾国藩建立了自己的不朽功业，但他的天赋却不高。在取得功名之前，有一天，曾国藩在家读书，一篇文章重复了不知道多少遍，但还是背不下来。这时候，他家来了一个小偷，潜伏在他家的屋檐下，希望等曾国藩睡觉之后再行动。可是等啊等，曾国藩就是不睡觉，依旧在那翻来覆去地读那篇文章。小偷大怒，跳下梁来说："这种水平还读什么书？"然后将那文章背诵一遍，扬长而去！

小偷是很聪明，至少比曾国藩要聪明，但是他只能成为小偷；而曾国藩经过自己的勤奋苦读，成就了自己在中国历史上的丰功伟业。伟大的成功

和辛勤的劳动是成正比的，有一分劳动就有一分收获，日积月累，从少到多，奇迹就是这么创造出来的。

对一个人来说，才能的养成需要后天的勤奋学习；对一个企业来说，它的竞争力和优势同样在于不断地学习。通用电气公司(GE)能成长为一家世界顶级的企业，靠的就是不断地学习，不断地以全球公司为师。

在韦尔奇执掌GE的20年里，GE的发展达到了很高的高度，但韦尔奇却一直强调GE是一个无边界的学习型组织，一直以全球的公司为师。他经常强调说："很多年前，丰田公司教我们学会了资产管理；摩托罗拉推动我们学习了六西格玛管理；思科和Trioloy帮助我们学会了数字化。世界上的商业精华和管理才智都在我们手中，而且，面对未来，我们也会这样不断追寻世界上最新最好的东西，为我所用。"

GE之所以能成为赫赫有名的"经理人摇篮"、"商界的西点军校"，除了严格的人才淘汰体制，最重要的就是这种无边界的学习理念。在这样的信念下，每一个经理人无时无刻不在自觉地精心雕刻自己，从专业知识到职业技能，从管理手段到说话方式，从画好一张表格到接好一个电话、写好一份电子邮件，到日常生活的一点一滴，他们随时能够接受更高的挑战。正是因为坚持不断的学习，才使GE能以最好的姿态和实力去迎接市场的挑战，从而创下了连续20年盈利的辉煌。韦尔奇的这些管理原则，不但使GE成为了强大而备受尊敬的公司，也为管理界留下了很好的典范。

在竞争越来越激烈的市场环境下，一个企业只有不断地接收新的资讯、技术和管理理念与方法，才能持续保持优势，保证取得竞争的胜利。而要做到这一点，不断地学习是最重要和最佳的途径。

20世纪80年代晚期，英国曾经最大的汽车制造厂商Rover陷入了发展的困境：内部管理混乱，产品质量下降，劳资矛盾恶化，员工士气低落，每年的亏损超过一亿美元。在许多人看来，公司的前景一片黯淡。而仅仅是几年之后，Rover摇身一变成为了全球最富生命力的汽车制造厂商之一，汽车全球销量几乎扩大了一倍，产品的质量也极为优异，几乎囊括了业界所有的质量奖。它的豪华系列车型一跃成为新的"马路之皇"，而Rover600则跻身世界最畅销的汽车排行榜。在北美和亚洲，其产品供不应求。到1996年，年产汽车达到500多万辆，销往全球150多个国家和地区，年销售额超过80亿美元。在全球汽车市场刚刚复苏的1993年~1994年，Rover的销售额竟增长了16%，不仅一举扭转了巨额亏损，而且盈利颇丰，人均创收增长了4倍！与此同时，员工的满意度和生产率也创历史新高，并且持续高涨。这与几年前的境况简直判若两人，为什么？

Rover重振雄风的秘诀就在于公司领导层致力于让公司成为学习型组织的努力。20世纪80年代末期，格林汉·戴维被任命为Rover集团董事会主席。上任伊始，他就深切地感受到全球汽车业动荡的环境给Rover带来的巨大压力：日益激烈的全球竞争、新技术日新月异、高素质人才的匮乏以及顾客对产品的挑剔等。戴维和其他高层管理者认为，面对群雄纷争的全球汽车市场，Rover这只小鱼如果游不快，就会葬身鱼腹。因此，只有奋力拼搏，才有望在激烈的市场竞争中得以生存和发展。凭着对企业的透彻了解和远见卓识，戴维认为，除了成为学习型组织，不断充实和更新自己，Rover别无选择。正是在戴维的领导之下，Rover对旧体制进行了彻底的改造，使公司一变而成为了全新的学习型组织，从而实现了自己业绩的飞跃。

根据有关机构的统计研究，大型企业的平均寿命不及40年。总结正反两方面的经验，人们发现，大部分公司失败的原因在于组织学习的障碍，这严重妨碍了组织的学习及成长。对一个企业来说，在竞争激烈的市场中，比竞争对手学得更快的能力是唯一持久的竞争优势。只有在学习中才能全面提升竞争力，建立市场优势，立于不败之地。

不断超越自己，你终能取得成功

每个人都有一定的安全区，你想跨越自己目前的成就，就不能划地自限。只有勇于接受挑战、充实自我，你才能超越自己，发展得比想象中更好。

有个生活非常潦倒的销售员，每天都埋怨自己"怀才不遇"，觉得命运在捉弄他。圣诞节前夕，家家户户张灯结彩，充满佳节的热闹气氛，他坐在公园的一张椅子上，开始回顾往事。去年的今天，他孤单一人，以酗酒度过了他的圣诞节，没有新衣，也没有新鞋子，更别谈新车子、新屋子了。

"唉！今年我又要穿着这双旧鞋子度过圣诞了！"说着，他准备脱掉穿着的旧鞋子。

这个时候，他看见一个年轻人自己滑着轮椅走过，他立即顿悟："我有鞋子穿是多么幸福！他连穿鞋子的机会都没有！"

经过这次顿悟，这位推销员蜕掉了自己萎靡不振的一层皮，从此脱胎换骨，发奋图强，力争上游。不久，他就因为销售成绩优秀而多次被加薪。最后，他开办了自己的销售公司，并最终成为了一名百万富翁。

面对挫折，面对沮丧，我们需要坚持。看不见光明、希望，却仍然孤独、坚韧地奋斗着，这才是成功者的素质。

爱迪生研究电灯时，工作难度出乎意料的大，1600种材料被他制作成各种形状，用作灯丝，但效果都不理想，要么寿命太短，要么成本太高，要么太脆弱，工人难以把它装进灯泡。全世界都在等待他的成果，半年后，人们失去了耐心。纽约《先驱报》说："爱迪生的失败现在已经完全证实，这个感情冲动的家伙从去年秋天就开始电灯研究，他以为这是一个完全新颖的问题，他自信已经获得别人没有想到的用电发光的办法。可是，纽约的著名电学家们都相信，爱迪生的路走错了。"面对《先驱报》泼的冷水，爱迪生不为所动，继续着自己的实验。英国皇家邮政部的电机师普利斯在公开演讲中质疑爱迪生，他认为把电流分到千家万户、还用电表来计量，是一种幻想。但爱迪生仍旧坚持继续摸索。当时，人们还在用煤气灯照明，煤气公司竭力说服人们相信爱迪生是个吹牛不上税的大骗子，就连很多正统的科学家都认为他在想入非非。有人说："不管爱迪生有多少电灯，只要有一只寿命超过20分钟，我情愿付100美元，有多少买多少。"有人说："这样的灯，即使弄出来，我们也点不起。"但他毫不动摇，在进行这项研究一年之后，他终于造出了能够持续照明45小时的电灯，完成了对自己的超越。

经过坚持和努力，爱迪生不但促成了自己的蜕变，牢牢树立了自己在世人心目中伟大的发明家地位，而且促成了人类生活方式的一次大变革。正是因为有了他的这项发明，人类才真正进入了电气时代。

对自己或对工作不满的人，首先要把自己想象成理想中的自己，并且拥有极好的工作机会；再假定现在的自己和工作就和想象的一样，然后采取行动。如果你能耐心地进行这种自我改造，你就能发挥出个性中本就具有的强大的精神力，使自己和工作完全按照理想中的样子发生改变，从而取得成功。

把握好现在，不要为昨天叹息

美国作家迪斯说过："昨天过去了，今天只做今天的事，明天的事暂时不管。"

在生活中，有过许多这样的日子：我们常常为昨天的失落念念不忘、喋喋不休、耿耿于怀，又常常为明天的美丽意气风发、热血沸腾、斗志昂扬。然而，或许你觉察不到，就在这埋怨与幻想当中，就在这追悔与兴奋当中，我们失去了最宝贵也最容易失去的今天。昨天是失去的今天，明天是未来的今天，只有今天，才是我们真实地拥有着的。

中外无数成功人士的实例证明，只有把握好今天，才能走出昨天，开创明天。昨天是张作废的支票，明天是尚未兑现的期票，只有今天是现金，有流通的价值。

看过美国影片《阿甘正传》吗？这部荣获过1995年第67届奥斯卡最佳影片、最佳男主角、最佳导演、最佳剧本改编、最佳剪辑、最佳视觉效果等6项大奖的电影，向我们讲述的就是主人公阿甘只把握今天，从而创造了自己人生一个接一个辉煌的故事。

阿甘是个智商只有75的低能儿，但是在母亲的关怀和鼓励下，他很早就走出了自卑的阴影，并执著地把握着每天的生活。当在学校里遭到同学的欺侮时，他用奔跑来对付他们。而正是这种奔跑，使他顺利地跑进了一所学校的橄榄球场。在橄榄球赛中，他从不想自己是个低能儿，而只管在每场球赛中用最快的步子甩掉对手，这种执著把他送进了大学，并成为了大学的橄榄球巨星，受到了肯尼迪总统的接见。

在入伍去了越南的战场后，阿甘不管别人对战争有多么的仇视，他只认为自己应该做好的就是今天的事，因而对国内的高昂反战情绪毫不理会。同样，执著又成就了他，他作为英雄受到了约翰逊总统的接见。

阿甘有一个从小就青梅竹马的玩伴珍妮，两人也互相喜欢。但珍妮更向往有激情的生活，这是阿甘不能给她的，于是她出走了。阿甘很爱珍妮，她的出走让阿甘很伤心，但阿甘并没有就此放弃把握自己的生活，他依然按自己的想法，按部就班地做着一件又一件事情。他从不想自己的明天会怎样，只是每天坚持做着自认为该做的事。而恰恰是这种放松的心态，成就了阿甘一个又一个的业绩：他先成为了美国的乒乓球巨星，直接参与了中美两国的乒乓外交活动，并受到了总统的接见；后来，他又成为了一个捕虾公司的老板，并成为了百万富翁。有一天，珍妮回来了，在和阿甘共同生活了一段日子后，她又走了。阿甘突然觉得自己想跑，于是他开始奔跑，这一跑就横越了整个美国，他又一次成了名人。正是凭着这种只把握今天的执著，阿甘创造了自己人生的辉煌。

在美国华尔街的股票市场交易所，依文斯工业公司是一家保持了长久生命力的公司。但你可知道，公司的创始人爱德华·依文斯曾经差点因为绝望而自杀？

爱德华·依文斯生长在一个贫苦的家庭里，起先靠卖报赚钱，然后在一家杂货店当店员。8年之后，他鼓起勇气开始自己的事业。然而，厄运降临了——他替一个朋友背负了一张面额很大的支票，而那个朋友破产了。祸不单行，不久，那家存着他全部财产的大银行垮了，他不但损失了所有的钱，还负债1.6万美元。他经受不住这样的打击，得了奇怪的病：有一天，他走在路上，突然昏倒在路边，以后再也不能走路了。最后医生告诉他，他只有两个礼拜好活了。想着只有几天可活，他突然感觉到生命是那么的宝贵。于是，他放松了下来，好好把握着自己的每一天。

奇迹出现了。两个礼拜后，依文斯没有死；6个礼拜以后，他又能回去工作了。经过这场生死的考验，他明白了患得患失是无济于事的，对一个人来说，最重要的就是把握住现在。他以前一年曾赚过2万块钱，可是现在能找到一个礼拜30块钱的工作就已经很高兴了。正是由于这种心态，爱德华·依文斯事业发展得非常快。不到几年,他已是依文斯工业公司的董事长了。正是因为学会了只生活在今天的道理,爱德华·依文斯取得了人生的胜利。

昨天属于死神,明天属于上帝,唯有今天属于我们。把握好今天,我们才能拥有一个真实的自己。充分占有和利用好每一个今天,我们才能挣脱昨天的痛苦,踏平一路的坎坷,耕耘今天的希望,收获明天的喜悦。

正如一首诗写道:"不要为昨天叹息,不要为明天忧虑,因为明天只是个未来,昨天已成为过去。未来的不知是些什么,过去的只能留做记忆,只有今天,才是你真正的拥有。今天,是你冲锋的阵地。缅怀昨天、把握今天、迎接明天。昨天是成功的阶梯,明天是奋斗的继续。"

5. 成功始于果敢的决策——事前想得清,事中要坚持

现代社会是一个信息社会,信息的快速传递缩短了空间距离,把世界各地的市场信息紧紧地联系在了一起。信息就是机会,就是财富,但是,信息所提供的机会稍纵即逝,谁能快速拿捏,谁就能把握市场供需,获得财富,并成为时代的佼佼者。选择在机会面前果敢决策,你就选择了成功。

事前想得清,事中不折腾

美国的几个心理学家曾做过这样一个实验:把学生分成3组进行不同方式的投篮技巧训练。第一组学生在20天内每天练习实际投篮,把第一天和最后一天的成绩记录下来;第二组学生也记录下第一天和最后一天的成绩,但在此期间不做任何练习;第三组学生记录下第一天的成绩,然后每天花20分钟做想像中的投篮,如果投篮不中,他们便在想象中做出相应的纠正。实验结果表明:第二组没有丝毫长进;第一组进球增加了24%;第三组进球增加了26%。由此,他们得出结论:行动前进行头脑热身,构想要做之事的每个细节,梳理心路,然后把它深深铭刻在脑海中,当你行动的时候,你就会得心应手。

这个实验告诉我们的就是计划的重要性。做事没有计划,行动起来就

必然会是一盘散沙。只有事前拟定好了行动的计划,梳理通了做事的步骤,做起事来才能应付自如。好的规划是成功的开始。

苛罗尼雅公司是澳洲一家颇具规模的制造公司,它设有3个事业部:蔗糖部、建筑与建筑材料部和矿业与化学品部。每个事业部下面又分若干分公司。这个公司在经营管理方面为符合公司总目标的战略计划,经常召开各种会议,通过这些会议使各级管理人员了解整个公司的业务情况和各种目标。在每个月的董事会会议之后,公司总经理要会晤各部门的50名高级主管人员,同他们商讨公司的业务情况。另外,公司每年还会召开两次中级经理人员会议,使他们了解外界环境的各种变化及其对公司业务的影响,并制定出详细的应对计划。

在公司的3个事业部中,以赫伯特领导的矿业与化学品部的计划工作最为成功。计划工作的程序是自下而上,参与制定计划的人员包括该部所属的10家公司的经理,某些情况下,这些分公司的厂长和业务经理也会参加。

为了使各个分公司的步调能够一致起来,赫伯特总是把总公司对通货膨胀及其他各种经济因素的看法及时告诉各分公司的经理,让他们把这些因素作为制定计划时的参考资料。各个分公司从每年的4月份(该公司会计年度开始的月份)开始制定自己的战略计划,在8月份之前制定完毕,并交给大部的经理。按公司规定,战略计划所包括的时间为5年,其内容包括生产目标、投资计划等。部经理在收到这些计划之后,先进行挑选,再安排先后次序,最后再在这些计划的基础上制定出部一级的战略计划。部级的计划包括对各分公司未来5年的展望、主要的问题、所采用的战略,以及各种投资计划等内容。该计划还会对投资报酬率和现值报酬率进行调整和修正。计划的说明书简明扼要,第1页仅有一些重要的数据,如纳税前和纳税后的利润目标、投资报酬率和整个计划的总投资数额。第2页才有一些比较详细的统计资料,包括各分公司的财务计划和大部的总财务计划。

接着,各事业部要把自己的计划送到总公司的财务部,财务部于9月份将部级的计划送往公司总经理办公室。在此后的1个月中,总管理处与各部的经理会仔细研究和讨论他们的计划。对有些单位的扩建计划,总公司可能予以批准;对另一些单位的扩建计划,总公司可能不予批准,而是让他们先集中力量去降低产品的成本;总公司也可能让某个分公司推行增产某种产品的计划。

在每年的11月份之前,总公司会把各种指导性文件发到各大部,该文件详细地说明了哪些计划已被批准,以及总公司对各部有什么期望。在这个会计年度的最后几个月里,各部根据总公司发的指导性文件,重新制定自己的战略计划并编制预算。随后,总公司再根据这些计划制定出整个公司的总计划。总计划应对整个公司的目标和战略做出详细的说明,并附有必要的统计资料。

通过这一道道繁复的程序,最后制定出来的计划就是确实可行的。为进一步确保战略计划的顺利完成,该公司还建立了一套"追踪审核"制度。该制度规定,在每一个会计年度结束之前,各分公司都应指派专门的稽核人员,对计划执行的情况进行检查,并写出"追踪审核"报告,从而做到能使一年的预测更为准确。正是这样一个严密的计划制定过程和监督执行过程,保证了苛罗尼雅公司在经营中很少发生失误,从而保持了公司蒸蒸日上的发展势头。

"凡事预则立,不预则废"。做一件事,只有美好的设想是远远不够的。计划可以对你的设想进行科学的分析,让你知道你的设想是否可以实现;计划可以作为你实现设想过程的指导,大大节省你的时间,减轻压力。有了好的计划,你就有了好的开始。

犹豫不决的人往往会错失良机

1983年,时任中国光大实业公司董事长的王光英看到了一份工作人员为他准备的报告。他从报告中得知,智利一家倒闭的铜矿由于急于还债,需要处理一批二手矿车。这批矿车都是倒闭前不久矿主为加快工程进度采购的,几乎没怎么用过,均为名牌车,总数有1500辆。

王光英认为机会来了,他火速派人与矿山老板取得了联系,表达了愿意买车的意愿。与此同时,一个负责购车的专家与工作人员派遣组火速成立了。临行前,王光英告诉他们,要有勇气,要相信自己的判断力,不要事事请示，只要你们认为车好价格好，就果敢拍板成交。

这位矿主虽说已破产，可他对即将出手的1500辆车保护得很好。这些矿车载重7吨到30吨不等，矿主包租了一个体育场，将这些车整整齐齐地摆放在那里，他还让工人将所有的车都细心地涂抹了防锈油。专家组人员看到这些车时，不禁齐声赞叹。他们一丝不苟地验车，发现各项指标确实令人满意。派遣组人员丝毫不耽搁，马上开始与矿主讨价还价。矿主由于还债心切，最后双方很快以原价8折的价格成交了。协议刚达成，一位美国商人就来到了铜矿。

王光英的这次果敢决策，为国家净赚了2500万美元。试想，要是他面对信息犹豫不决，瞻前顾后，那批车肯定就被那位美国商人捷足先登了，2500万美元也会进了别人腰包。

有"华尔街的神经中枢"之称的摩根能成为美国19世纪70年代至20世纪叱咤风云的大金融家，成为国际金融界"领导中的领导者"，全有赖于年轻时的两次冒险投资为他打下的坚实基础。

从德国哥廷根大学毕业后，摩根进入了邓肯商行工作。一次，他去古巴哈瓦那为商行采购鱼虾等海鲜，回来途经新奥尔良码头时，遇到了一位陌生人。那位陌生人看摩根像是做生意的，便自我介绍说："我是一艘巴西货船船长，为一位美国商人运来了一船咖啡，可是货到了，那位美国商人却破产了。这船咖啡只好滞留在这里。您如果能买下，等于帮了我一个大忙，我情愿半价出售。但有一条，必须现金交易。"摩根跟巴西船长一道看了咖啡，成色很好，于是，他毫不犹豫地决定以邓肯商行的名义买下这船咖啡。然而，他兴致勃勃地给邓肯发去电报，邓肯的回电却是："不准擅用公司名义！立即撤销交易！"摩根无奈之下，只好求助于在伦敦的父亲。父亲吉诺斯回电，同意他用自己伦敦公司的户头，偿还挪用邓肯商行的欠款。摩根大为振奋，索性放手大干一番，在巴西船长的引荐之下，他又买下了其他船上的咖啡。摩根初出茅庐，做下如此一桩大买卖，不能说不冒险。可是上帝帮忙，就在他买下这批咖啡不久，巴西便出现了严寒天气，使咖啡的产量大减，咖啡价格暴涨，摩根由此狠狠地赚了一大笔。

美国南北战争开始后，一天，摩根与他的朋友克查姆——一位华尔街投资经纪人的儿子闲聊。克查姆说："我父亲最近在华盛顿打听到，北军伤亡十分惨重，政府军战败，黄金价格肯定会暴涨。"摩根盘算了这笔生意的风险程度，商量了一个秘密收购黄金的计划。等他们收购到足量的黄金时，社会舆论四起，开始形成抢购黄金风潮，金价飞涨。摩根瞅准时机，迅速抛售了手中所有的黄金。趁战乱之机，这次黄金交易使他一下子获得了16万美元的纯利润。几年的国内战争，摩根利用获得的军事机密做投机生意，口袋里塞满了数目可观的美钞。

纵观古今中外富商巨贾的成长历程，无不都是面对机会后果敢决策才取得成功的。在他们眼里，成功就是一场赌博。成功者的过人之处，就在于面对机会敢赌敢拼。当然，冒险或投资要见机行事，有的人因冒险而一步登天，也有人因冒险而家败人亡。该不该去冒险，全在于对形势的充分估计和正确分析。

只要你坚持尝试

谁都知道螃蟹美味可口，然而，第一个吃螃蟹的人一定是带着冒险精神去尝试的。在商业竞争中，有远见的人总是采取开拓型的经营决策，争取主动，获得比竞争者领先的优势，从而出奇制胜。

戴维·托马斯是温迪国际公司的创始人，他在世界各地拥有4300多家快餐店。他这样回忆自己的童年：

我12岁时，我们全家迁到了田纳西州的诺克思维尔。我设法使一位餐厅老板相信我已16岁，他才雇用我做便餐柜台的招待，每小时25美分。这是我的第一份工作。

餐馆老板弗兰克和乔治·雷杰斯兄弟是希腊移民。刚来美国时，他们曾干过洗盘子和卖热狗的工作。他们极为坚强，并为自己定下了非常高的标准，但从来不要求雇员做他们自己做不到的事情。

弗兰克曾告诉我说："孩子，只要你愿意努力尝试，你就能为我工作；如果你不努力尝试，你就不能为我工作。"

他所说的努力尝试包括从努力工作到礼貌待客等一切内容。当时通常的小费是一个10美分的硬币,但由于我能很快把饭菜送给顾客并服务周到,有时能得到25美分的小费。我记得曾经尝试自己一个晚上能接待多少客人,结果创下了100位的纪录。通过第一份工作,我认识到:只要你努力工作、努力尝试,你就会成功。

第一个做的是天才,第二个做的是庸才,第三个以后做的便是蠢才。你寻宝的金矿也许已被别人开采了八九次,现在你再怎么辛苦开采也挖不出东西了。眼光独到的经营者都明白这样一个道理:在一个尚未有人注意到的领域里,或许应该说,在一个尚未有人敢在生意上打主意的领域里创造出赚钱的机会,要比前面的金矿寻宝容易得多。

只有别人还没有发现而你却发现的机会才是黄金机会。尽管这样做很冒险,但不冒险就没有赢,只要有50%的希望就值得冒险。

也许,第一次尝试会消除你一往无前的勇气与一马当先的锐气,扼杀你坚持顽强的韧劲与不怠不懈的干劲,但是,碰了一次小小的"壁",决不应该放弃,而应一次次地继续实践、不断尝试。只要付出努力,最终必将到达财富的彼岸。许多时候,我们失败的真正原因在于,没有去"再试一次"。正是因为缺乏"再尝试一下"的努力,使得我们与唾手可得的财富机遇失之交臂。

6. 坚持比别人抢先一步,做快半拍

李嘉诚先生说过这样一句话:"如果想成为领袖,无论从事什么行业,都要比竞争对手领先一步。"

其实,人跟人的竞争,企业和企业的竞争,也就只差这么一步或两步。

新东方CEO俞敏洪是北大光华管理学院第一届MBA,新东方外语补习班是中国第一个在美国纽约证券交易所上市的教育企业。我们都没有想到,一个外语补习班能在美国上市。其实,什么事情都有可能,那么,俞敏洪成功的关键在哪里呢?

首先，中国企业想在美国上市，财务报表要送去审察。而俞敏洪做了件很聪明的事情，他很早就引入了普华永道的审计制度，让审计师进入公司。一个公司如果想要上市，最好是一开始就按照上市的标准去做。

其次，俞敏洪知道，所有新东方的学生都是自己的资源，新东方在美国上市，帮他做调查，替他引进审计制度的都是他的学生。

俞敏洪是个非常仔细的人，他随时随地都在为以后的事情做好铺垫，比别人多走一步。他的细心让他在很早的时候就做好了准备，所以一去上市几乎没有打回票就通过了。

举个最简单的例子，学校里考试排名次，如果98分是第一名，那么你只要得98.1分就能超过第一名。也就是说，你不需要得99分或100分，只需要多那么0.1分就可以了。做企业也是一样，想要赶超竞争者，有时并不需要设立多么宏伟的目标，而只需要比对手多走一步、做好一些、多赢一点，就可以占据领先地位。

聪明的人领先一步、多做一点

大家对于工作的态度可能只局限在怎么样把自己的本职工作做完，而并没有想过要多干一点点。可是，也许就是这一点点，就会让老板对你刮目相看。

在美国的一家超级市场，有两个小伙子同时在这里工作。刚开始，这两个同龄的年轻人拿一样的薪水。后来，叫阿诺德的小伙子得到了持续不断地加薪和晋升，而叫布鲁诺的小伙子却仍在原地踏步。

终于有一天，布鲁诺向总经理吐露了心中的不满。总经理一边耐心地听着他的抱怨，一边在心里盘算着怎样向他解释清楚他和阿诺德之间的差距。

"布鲁诺先生，"总经理开口说话了，"您今早到集市上去一下，看看今天早上有什么卖的。"

布鲁诺从集市上回来后向总经理汇报说，今天集市上只有一个农民拉了一车土豆在卖。

"有多少？"总经理问。

布鲁诺赶快戴上帽子又跑到集市上，然后回来告诉总经理一共有40袋土豆。

"价格是多少？"

布鲁诺再次到集市上问来了价钱。

"好吧，"总经理对他说，"现在请您坐到这把椅子上，一句话也不要说，看看阿诺德是怎么做的。"

阿诺德很快就从集市上回来了，并汇报说到现在为止只有一个农民在卖土豆，并了解了数量和价格。土豆质量很不错，他带了一个回来让总经理看看。他还说，这个农民一个钟头以后弄来了几箱西红柿，因为昨天超市里的西红柿卖得很快，库存已经不多了，他想这些西红柿的价格很便宜，总经理肯定要进一些，所以他不仅带回了一个西红柿做样品，还把那个农民也带来了，他现在正在外面等回话呢。

此时，总经理转向了布鲁诺说："现在您肯定知道为什么阿诺德的薪水比您高了吧？"

看到这里，你是不是在想：我在工作中是怎么做的呢？和阿诺德比起来有什么不足之处？假如你和他做的一样好甚至比他做得还要好，那么，你一定是一位出色的员工，根本不用担心自己能不能得到升迁；假如你还没有做到，那也没关系，只要从现在开始行动起来，你也会成为一名优秀的员工。

不要把自己所要做的事局限在上司交待的任务上，使自己的能力得到提升的最好办法就是多做一点。在做好分内工作的同时，尽量为公司多做一点，这不但可以表现你勤奋的品德，还可以培养你的工作能力，增强你的生存能力。

当然，领先一步、多做一点不等于蛮干，要学会做一个聪明的人，在行动之前，要先开动脑筋，思考什么工作需要做、怎么做、怎样才能做好。当你想好了哪件事需要你去做的时候，不要犹豫，"该出手时就出手"，也许这样做会多占用你一些时间和精力，但是，你的行为会为你赢得良好的声誉，并增加他人对你的需要，回报会在不经意间降临到你的身边，可能加薪，可能晋升，也可能是以一种间接的方式来回馈你。

一般情况下，在本职工作做好的前提下，能在工作的基础上多干点，或者是眼睛里有活，不用上司吩咐就主动去把下一件事情做好的人，上司都会对他有好感。只是在做的过程中，要把握好方向，比如不能打听不让你知道的事情，不能做那些影响别人而表现自己能力的事情。

举个小小的例子：假如你是做办公软件的高手，而财务正好有个复杂的表要弄，财务人员没有时间或者不会弄，就算你听说了，也不要轻易地去帮忙，因为公司的财务情况在大部分的情况下都是不让员工知道的，而这个表里可能就有要保密的项目。所以，在别人没有请你之前，你最好不要自告奋勇地去帮忙；但是，如果请你帮忙，而且上司也同意你做，那你就得全力以赴了。

如果在一个处于发展阶段的公司，作为公司的员工，你的工作范围会随着公司的发展而不断地扩大。此时不要逃避责任，少说或不说"这不是我应该做的事"，因为，如果你为公司多出一分力，你就能多一分发展的空间。只有聪明地领先一步，才能让你变得更优秀！

要优秀，就要比别人跑得快

观察一下你的周围，你会发现，那些能干的人身上都有一个共同点，那就是动作迅速。当然，他们的迅速是建立在把握和判断好了先后次序的基础上的。

明确来讲，人在职场，在某种程度上而言，急性子的人更容易出人头地。

当你的上司吩咐你做一项工作的时候，一定会告诉你一个截止的时间："在×号之前完成。"如果没有这样告诉你，那是上司忘记说了，你要自己主动确认。

这里要奉劝一句：一定要赶在截止日期之前提前完成，哪怕是提前一天也好。与其遵守时日追求完美，不如提前迅速完成，哪怕是"拙速"也没有关系，这一点是关键。因为尽快提交给上司，得到上司的意见更为重要。

此时，你和上司的关系便是与客户的关系，上司是你的主顾。你要考虑对方是否满意；如果不满意，什么地方需要修改。认真理解这些之后，再按照对方的意思进行调整。你要注意，即便算上这些修改的时间，也不要把工作拖到规定的时间。

如果拖到规定的时间才提交，虽然上司感到不满意也能过关，或者也许还会亲自动手修正一下，但不管怎样，你都会给上司留下这样一个印象："他怎么还没有交上来？"如果提前一两天提交，就会得到上司具体的指示："这里和这里，我有些不满意。"然后只要更正一下被指出来的部分就可以了。于是，你在上司眼中的印象就会得到好转："这人做事很快！"

这就是商业社会的价值观。跟那些慢慢调查客户咨询意见之后再作回答的人相比，四处奔走、时刻牢记、快速反应的人要更胜一筹。

生存、发展的机会可能只有有限的几个，却总有一大群人去拼抢，你只尽力是不够的。要优秀，就要比别人跑得快！只要觉得好，就立刻付诸行动，这就是果决精干，这一点至关重要。

两个人一起去山里面游玩。正当他们兴致勃勃地欣赏山中的美景时，突然发现一只熊正在离他们不远的地方盯着他们。

两个人都十分害怕，因为他们手无寸铁，根本无法与熊搏斗并将其打死。

此时，其中一人在短暂的害怕之后，稍微镇定了一下，迅速弯腰下去把鞋带系好，做好逃跑的准备。

另一个人对他说："你这样是没有用的，你不可能跑得比熊快。"

那个准备跑的人回答说："我不需要跑得比熊快，我只要跑得比你快就行了。"

在这里，我们姑且不去谈论道义上的问题，只需要记得：当面临别无选择的囚徒困境时，我们只有力争比对手跑得快，才可能让自己获得最好的处境！

在残酷的生存竞争中，知道谁是你真正的竞争对手非常关键。有时候，你干得不一定比"敌人"好，但至少要比同事强。今天与昨天相比，我们很容易满足，因为我们可以看到自己的进步，这是必要的。但我们还要同别人比，看看自己的相对速度。

很多时候，我们心里会想：我已经努力改进了，也取得了不小的进步，可以放松一下了。自己与自己的过去比，是完全应该和必要的，我们应该看到自己的进步，坚定自己前行的信心。但是请别忘了，还要抬头看看四周：他们干得怎么样？是否跑得比我快？有没有值得我学习的地方？

第三章 ■

品 格 篇

——坚持内修提高涵养,坚守自我活出个性

坚持是一种信念,因此而成就一种品格。在这个人人都叫嚣"浮躁"的年代,与其感叹自己时运不济,或者感叹社会世风日下,不如从当下开始,学着去坚持内修、坚守自我,你会发现,很小的事情也可以有很大的影响,只要我们在做的过程中,灌注一份长久坚持的信念。

1. 忍耐体现"大智慧",宽厚才是好修养

只要做到"有目的的忍耐",我们就不会被消极打垮;心中始终期待最好的,这种忍耐就不会遥遥无期。另外,在思想观念上一定要深刻认识到,凡事皆有原因,事物都是普遍联系、互为因果的,要多找自己的原因,才不会怨天尤人、埋怨责怪,才能平静深刻,在总结中挖掘自己的潜力,保持乐观上进的积极心态。

有了这样的心态和思维模式,就能在逆境中不断进步。

妥协是一种智慧的修养

在没有找到解决问题的实质性办法之前，相互之间一味地胡搅蛮缠、特立独行，只能让问题更严重。这时候，如果有一方选择了暂时的让步，虽然不见得能立刻将问题化于无形，却能最大限度地稳定局势，不会产生更进一步的负面效应。

妥协，绝非无能，而是一种智慧的修养。真正的妥协也不是无底线地放弃自己的原则，而是一种通权达变的丛林智慧。凡是人性丛林里的智者，都懂得在恰当时机接受别人的妥协，或向别人提出妥协，毕竟人要生存，离不开大众，做事靠的是理性，而不是意气用事，明智的妥协是一种适当的交换。为了达到主要的目标，成全利众，可以在次要的目标上作适当的让步。

美国著名谈判艺术专家罗杰道森曾经遇到过一件事情：

有一次，他去参加一家公司的商务宴请，当时他和这家公司的总经理坐在一起，高高兴兴地聊天。突然，一个地区经理怒气冲冲地走过来对总经理说："我不知道公司是怎么想的，我们部门最优秀的一个提案居然没能获奖，我手下的员工们为了这个提案付出了所有的心血，我以后还怎么激励他们？"

总经理见对方如此无礼，马上就针锋相对地回应道："那是因为你们的报告晚了整整7天，你明白吗？"于是两人吵了起来。

两个人针对一个简单的问题居然一吵就是20多分钟，到最后几乎完全失去了理智，争论的焦点也早已偏离了问题的本质。

这时候，罗杰道森看不下去了，他站起来对那个总经理说："区域经理是想获得一份奖项，你能给他吗？"

总经理正在气头上，说："这绝无可能。"

罗杰道森耸了耸肩，对区域经理说："如今奖项已经拿不到了，但总经理能去亲自慰问一下你的员工，这样可以吗？"

区域经理说："如果不能得奖的话，这样倒也是可以。"

罗杰道森对总经理说："区域经理已经做出了妥协，您是不是也让一步，满足这个要求呢？"

总经理当即表示同意，一场无意义的争吵就在彼此的妥协中结束了。

事后，罗杰道森说："在你准备和对方争吵之前，不妨先做出妥协，相信许多不必要的麻烦就会因此消失。"

区域经理和总经理之所以吵起来，其实不是因为问题无法解决，而是因为谁都不肯让步。人都爱"讲面子"，你不依不饶，就等于伤害了对方的"面子"，一件小事儿便会因此变成一场尊严的"战争"。其实，只要你能妥协一步，给对方一个台阶下，就能化解许多不必要的争端和麻烦。

世间本无输赢，你越是想赢，就越好斗；越好斗，则越容易伤害彼此。其实，你想赢，未必非要让对方输。很多时候，你只要让一步、妥协一下，胜利就是你的。

意大利艺术家米开朗基罗的雕刻作品"大卫像"是他最为成功的作品之一。

当大卫像刚刚雕刻好的时候，一个负责审查艺术作品的官员表示对这座雕像很不满意。

米开朗基罗问这个官员："您看我的雕像有什么地方不合适吗？"

"嗯，依我看啊，这个雕像，从整体上看，就是鼻子不好。"这个官员明显不懂雕塑，但为了维护自己的"官威"，还是无中生有地找麻烦。

米开朗基罗明知道官员所谓的"修改意见"是不可行的，但还是一本正经地说："是吗？"然后站在雕像前看了一下，大叫一声："可不是吗？鼻子是大了些，我马上改。"说着，他就拿起工具爬上架子，叮叮当当地开始修饰。

随着米开朗基罗的凿刀，雕像上掉下了许多大理石粉，那官员只得躲开。过了一会儿，米开朗基罗"修"好了，他爬下架子，请那位官员再去验收："你看这回这么样？"官员看了一下，非常高兴地说："你看，这样就好多了嘛。"

其实，米开朗基罗刚才只是偷偷抓了一小块大理石和一把石粉，到上面做了个样子罢了，雕像还是原来的雕像，一点都没有改变。

米开朗基罗是个有原则的人，也是个聪明人，他懂得以退为进之道，他的"让步"使"大卫像"得以完好地展现在大众面前。如果两个人相互僵持，就会导致两败俱伤；如果两个人相互谦让，便有机会实现双赢。妥协，不一定会吃亏，在退让中才能和谐双赢。

宽容赢得人心

雨果曾经说："世界上最宽阔的是海洋，比海洋宽阔的是天空，比天空更宽阔的是人的胸怀。"人的心胸就如同一个堆满物品的房间，如果把身边的人和事都挤进这个狭窄的空间，那必然会杂乱无章、拥挤不堪、死气沉沉，很难给人以和谐、轻松的感觉。若想生活得轻松、快乐、没有负担，就得把房门打开，给身边的人和事多点空间，让它们自由活动，让一切生动起来。自由了才能轻松，沟通了才能创造和谐。生活要精彩和谐起来，人们就要放宽思路，用宽视野看身边的一切人和事，落实到行动上也就是包容。

失业已久的曼莎小姐好不容易才找到一份在一家高级珠宝店当售货员的工作。在圣诞节的前一天，店里来了一位30岁左右的男顾客，他虽然穿着很整齐干净，看上去很有修养，但很明显，这也是一个遭受失业打击的不幸的人。

此时店里只有曼莎一个人，其他几个职员刚刚出去。

曼莎向他打招呼时，男子不自然地笑了一下，目光从曼莎的脸上慌忙躲闪开，仿佛在说：你不用理我，我只是来看看。

这时，电话铃响了。曼莎去接电话，一不小心将摆在柜台的盘子碰翻了，盘中6枚精美绝伦的金耳环掉在了地上。曼莎慌忙弯腰去捡，可她捡回了5枚以后，却怎么也找不到第6枚。当她抬起头时，看到那位男子正向门口走去，顿时，她明白那第6枚耳环在哪里了。

当男子的手将要触及门把手时，曼莎柔声叫道："等一下，先生。"

那男子转过身来，两个人相视无言，足足有一分钟。曼莎的心狂跳不止，心想，他要是粗鲁对待我该怎么办？他会不会……

"什么事？"他终于开口说道。

曼莎极力控制住心跳，鼓足勇气，说道："先生，今天是我第一天上班，你知道，现在找份工作多么不容易，能不能……"

男子用极不自然的眼光长久地审视着她，好一阵子，一丝微笑在他脸上浮现出来。曼莎也平静了下来，她也微笑地看着他，两人就像老朋友见面似的那样亲切自然。

"是的，的确如此。"男子脸上的肌肉颤动了一下，回答道，"但是我能肯定，你在这里会干下去，而且会很出色。"

停了一下，他向她走去，并把手伸给她："我可以为你祝福吗？"

紧紧地握完手后，他转身缓缓地走出店门。

曼莎小姐目送着他的身影在门外消失，转身走回柜台，把手中的第6枚耳环放回原处。她的眼睛有些潮湿，她心里想：上帝呀，让这些日子赶快过去吧，希望大家都好起来。

理解，宽容，以人心打动人心，聪明善良的曼莎小姐找到了最好的解决问题的方法。但是，如果曼莎小姐当时惊惶失措地报警或者大吵大嚷，结果肯定就没有这么完美了。

要学会宽容，学会从对方的立场来看问题，这样会使自己的观点更客观、态度更冷静。如果人人都能以宽容之心待人，我们的生活就会变得十分美妙，处处变得和睦融洽。

爱心实现双赢

爱心，是积极心态的最佳表现。爱心就是关怀、分享、给予、牺牲。只有充满爱心，才能达到"心底无私天地宽"的境界。

有一个人想看一看地狱与天堂的区别。他先来到了地狱。地狱的人正在吃饭，桌上的食物很丰盛，但他们却一个个面黄肌瘦，饿得嗷嗷直叫。原来，他们使用的筷子有一米长，虽然争先恐后地夹着食物往自己嘴里送，但因筷子比手长，他们就是吃不着。"地狱真悲惨啊！"这个人想。

然后，他又来到了天堂。天堂的人也在吃饭，他们的食物和筷子和地狱里的一样，却一个个红光满面，充满欢声笑语。不同之处在于，他们在互相喂对方！"天堂和地狱拥有相同的食物、相同的工具、相同的环境，但结果却大不相同！"

　　天堂与地狱的天渊之别，仅在于做人的"一念"之差：因心态不同，造成了极不相同的结果。在现实生活中，每个人每天都面临天堂或地狱的生活：当我们懂得付出、帮助、爱、分享，我们就生活在天堂；若自私自利、损人利己，实质就等于生活在地狱里。地狱和天堂，就在自己的心里。

　　雨果的不朽名著《悲惨世界》里的主人公冉·阿让，本是一个勤劳、正直、善良的人，但他的生活十分穷困潦倒。为了不让家人挨饿，迫于无奈，他偷了一个面包，被当场抓获，判定为"贼"，锒铛入狱。出狱后，他找不到工作，饱受世俗的冷落与嘲笑。从此，他真的成了一个贼，顺手牵羊、偷鸡摸狗。警察一直都在追踪他，想方设法地要拿到他犯罪的证据，把他再次送进监狱，他却一次又一次逃脱了。在一个大风雪的夜晚，他饥寒交迫，昏倒在路上，被一个神父救起。神父把他带回教堂给吃给住，但他在神父睡着后，却把神父房里所有的银器席卷一空。因为他已认定自己是坏人，就应该干坏事。不想，在逃跑途中，冉·阿让被警察逮个正着，这次可谓人赃俱获。当警察押着冉·阿让到教堂，让神父认定失窃物品时，神父却温和地对警察说："这些银器是我送给他的。他走得太急，还有一件更名贵的银烛台忘了拿，我这就去取来！"

　　冉·阿让的心灵受到了巨大的震撼。警察走后，神父对冉·阿让说："过去的就让它过去吧，你可以重新开始！"从此，冉·阿让决心洗心革面，重新做人。他搬到了一个新地方，努力工作，积极上进。后来，他成功了，毕生都在救济穷人，做对社会有益的事情。

　　爱人者人爱，爱心永远不会孤独寂寞。无私的奉献，必将结出丰硕的成果。

　　战国时，梁国与楚国相临。两国原有敌意，在边境上各设界亭(哨所)，两边的亭卒在各自的地界里都种了瓜。梁国的亭卒勤劳，锄草浇水，瓜秧长势很好；楚国的亭卒懒惰，不锄不浇，瓜秧又瘦又弱。人比人，气死人。楚亭的人觉得失了面子，在一天晚上，乘月黑风高，偷跑过去把梁亭的瓜秧全都扯断了。梁亭的人第二天发现后，非常气愤，报告给县令宋就，说要以牙还牙，也过去把他们的瓜秧扯断！宋就说："楚亭的人这种行为当然不对。别人不对，我们再跟着学就更不对了，那样未免太狭隘、太小器。你们照我的吩咐去做，从今天开始，每晚去给他们的瓜秧浇水，让他们的瓜秧也长得好。而且，一定不要让他们知道。"梁亭的人听后觉得有理，就照办了。楚亭的人发现自己的瓜秧长势一天比一天好，仔细观察，发现每天早上地都被人浇过，而且是梁亭的人在夜里悄悄为他们浇的。楚国的县令听到亭卒的报告后，感到十分惭愧又十分敬佩，于是上报楚王。楚王深感梁国人修睦边邻的诚心，特备重礼送梁王以示歉意，结果这一对敌国成了友好邻邦。

美国19世纪哲学家、诗人拉尔夫·爱默生说："人生最美好的补偿之一，就是人们真诚地帮助别人之后，同时也帮助了自己。"爱心的付出使你的人生更有价值，别人也会给予你丰厚的报答。

2. 德商的高低，决定你人脉的宽窄

古人云"道之以德"，"德者得也"。这就是告诉我们，要以道德来规范自己的行为，只有有道德的人，才能体会人生的乐趣、生命的精彩。

古今中外，一切真正的成功者在道德上都达到了很高的水平。

失去道德标准，你将失去一切

一个人智商再高，但如果失去了做人的道德标准，他将失去一切。

一位老总，是开五金厂的，凡是跟钱有关的东西他都有兴趣，恨不得所有的钱都装进他的口袋。每个供应商都要自己谈价格，而且经常以供应商送货不准时，或者送来的货与样品有差距为由扣款；即使没有问题，他也要鸡蛋里挑骨头来扣一些费用。企业员工在工厂吃饭要收费，每人每月收180元；而他却让食堂把伙食标准定为4元每人每天……

半年之后，他工厂所有的技术员都走了，新的技术员又招不到，而且大部分供应商都不愿意继续为他供应原材料。最终，他不得不宣告破产。

一个人如果失去基本的道德品质，那些可以对你提供帮助的人就会渐渐离你而去。

据史书记载，商纣王天生神力，异于常人，能够托梁换柱、倒拽九牛、徒手与兽搏斗。此外，他还天赋聪颖、才思敏捷、能言善辩。可见，我们印象中的"暴君"纣王，绝非传统意义上低智商的"昏君"。

以纣王独有的天赋，本可治理好国家，成就惊天动地的伟业，与祖先商汤、盘庚、武丁等明主一并载入史册，扬名后世。但令人遗憾的是，他的聪明才智未能用到好的地方。

他令后世记住的是一系列"缺乏德行"的行为：荒淫无度，宠信奸妃妲己，建造"酒池肉林"；凶残成性，创立炮烙、虿盆等多种残酷刑法；残害忠良，就连自己的叔父比干也要"挖心"而后快……总之，纣王的所作所为真是人性泯灭、罄竹难书，因而在周武王起兵伐商后，早已恨透纣王的平民和奴隶们纷纷阵前倒戈。纣王见大势已去，便自焚身亡，商王朝也随之覆灭。至此，纣王终于在史册上稳坐"首席暴君"的头把交椅。

天时、地利、人和，这治天下的三大要素商纣王原来都拥有了，但由于自己"德行不够"，以致众叛亲离、国破家亡。

隋炀帝杨广也是很典型的例子。杨广是隋文帝杨坚的第二个儿子，年少好学，善诗文，著有文集55卷。开皇元年（公元585年），年仅13岁的杨广被封为晋王，做了并州的总管，拱卫京城。随后，杨广亲率军队统一国家，组织修建畅通国脉的京杭大运河，亲自开拓、畅通丝绸之路，开创科举，修订法律。

不可否认，杨广真的是才华出众。但有才的杨广总不免恃才傲物、我行我素，由于缺少道德监控和自我约束，导致他后来做出大逆不道的弑父篡位之举。成为皇帝后，他过度沉迷于享乐之中，无心治国，走上了荒淫无道、自取灭亡的不归路。

所以说，道德是我们的立人之本，是我们成功道路上不可缺少的基石。只有拥有了较高的德商，我们才能拥有自己的人脉，为成功的人生道路铺上坚实的基础。

没有高尚的道德，便没有高尚的品格，更没有高尚的事业、高尚的命运。我国著名教育家陶行知先生说："千学万学，要学会做人。"我国古代圣人们也告诉我们：德高才能望重。我国最著名的高等学府清华大学的校训是：自强不息，厚德载物。由此看来，人生发展的每一步，都跟我们是否有高尚的道德有着直接的关系。

一个人是否能成才成功，智力因素往往仅占20%，而另外起作用的80%是人格因素。良好的品德是人格的重要组成部分。如果忽略了品德培养和健康人格的构建，就容易出现一些智商很高、成就很小的人，甚至有的智力优秀的人成了"歪才"、"邪才"。真正大成的人，是道德与智慧并存的。

诚实守信，得道多助

什么是决定你人脉宽窄的因素？德商的高低。

台湾"塑胶大王"王永庆9岁丧父，16岁的时候在台湾南部嘉义县开了他人生的第一家米店。王永庆的小店开张后没有多少生意，原因是隔壁的日本米店具有竞争优势，而城里的其他米店又拴住了别的顾客。

于是，王永庆决定降价销售，来吸引顾客。可是当他把米价调到每斗比别人便宜一两块时，他的小店还是没有生意。只有一个人在他那里买米，这个人还是他父亲以前的朋友。他对王永庆说："我之所以买你的米，不是因为你的价钱比别人便宜，而是因为相信你父亲的为人。"

这名顾客的话使他想通了一个问题，那就是：顾客买东西更在乎店主的为人，而不是价格。当时的大米加工技术比较落后，出售的大米掺杂着米糠、沙粒和小石头，买卖双方对此都是见怪不怪。可是王永庆却把他店里卖的所有的米中的米糠、沙粒和小石头挑的干干净净，每天都要挑到凌晨一两点钟。这在当地引起了不小的轰动，一来二往，他的米店成为了当地生意最红火的米店。

在社会生活中，人际关系常常表现为一种感情上的联系和心理上的相互吸引。无论是谁，在社会交往中德商越高，建立起来的人际关系就越好，朋友就越多，越能使自己得到温暖、勇气，增加自己的智能和力量。

美国知名的房地产经营家乔治以诚实守信著称，大家都亲切地称他"房地产大王"。乔治常对人述说他早期的一则故事。

当时他在伊利诺州担任房地产业务人员。有一栋房子由他经手出售，屋主曾经告诉他："这栋房子整个骨架都很好，只是屋顶太老，早就该翻修了。"

乔治第一天带去看房子的顾客是一对年轻夫妇。他们说准备买房子的钱有限，很怕超支，所以想找一幢不需大修的房子。看过之后，他们立即喜欢上了这栋房子，特别是它的位置，想要马上搬进去住。这时，乔治对他们说："这栋房子需要花7000美元重新整修屋顶！"

乔治知道，说出这栋房子屋顶的真相，这笔生意可能因此做不成。果然，这对夫妇一听到修屋顶要花这么多钱，就不肯买了。一个星期之后，乔治得知他们去找另外一家房地产交易所，花较少的钱买了一栋类似的房子。

乔治的老板听说这笔生意被别人抢走了，非常生气。老板对乔治的解释很不满意，更不高兴他替那一对夫妇的经济条件操心。

"他们并没有问你屋顶的情况！"他咆哮着说："你没有责任说出屋顶要修，主动说这个情况是愚蠢的！你没有权利说，结果搞坏了事！"之后，他便把乔治解雇了。

假如乔治不能正确认识这件事，他当时会想："我把实话告诉了那对夫妇，真是做了傻事，我为什么要为别人操心呢？我再也不要那样多嘴，把佣金弄丢了。我可真笨！"

但是，乔治希望做个诚实的人，他受到的教育就是要他说实话。他的父亲总是对他说："你一旦同别人握了手，就算是签了合同，讲的话就得算数。如果你想长期做生意，就要讲公道。"乔治最关心的是他的信用，而不是眼前的这点利益。他当时虽然想把那栋房子卖掉，但绝不肯因此而损及自己的人格。即使丢掉了职业，他仍然坚信自己唯一的做事准则——把所有的真相统统说出来。

后来，乔治向他帮过忙的一位亲戚借了些钱，搬到了加利福尼亚州，在那里开了一家小小的房地产交易所。过了几年，他以做生意公道和说老实话出了名。这样做虽然使他丢了不少生意，但是赢得了别人对他的信任。最后，他凭着赢得的好名声，生意做得很兴隆，在全国各地都设置了营业处。

一个人之所以能拥有很好的人脉，是因为他的人格魅力征服了身边的人，人们愿意与这样的人成为朋友。你我都一样，都希望能结交诚实、守信、道德高尚的朋友，而不喜欢与小人为伍。有些人即使与我们偶尔相识，只有一面之交，也能引起我们的注意，使我们喜悦。他们能打动我们，使我们善待他们，原因只有一个——拥有良好的道德品质。

3. 坚持主动，热情是人与人之间的"黏合剂"

查尔斯曾说："一个人，当他有无限热情时，就可以成就任何事情。"当你被欲望控制时，你是渺小的；当你被热情激发时，你是伟大的。托尔斯泰也曾说过："一个人若是没有热忱，他将一事无成。"在人与人交往中也是这样，热情是人与人之间的"黏合剂"。

生活中，你每天都会和陌生人接触，给人留下了好的印象之后，有些场合就需要你主动热情地与人交流。在你参加一个聚会或者是其他场合的时候，你只有热情才不会被冷落，才能更快地与别人打成一片。

绝大多数人都喜欢和热情的人交流，因为在不熟悉的情况下，大家都害怕被拒绝，那是很没有面子的事情。保持你的热情，拿出微笑，可以使别人减少很多陌生感。心理学家经过调查发现，面带微笑会让别人感到愉悦，并且拉近陌生人之间的距离。

首先，要让别人看到你的主动，感受到你的温暖。这时，你就会赢得信任，和别人的交流也就变得容易多了。

和陌生人打交道最多的莫过于推销员，吃闭门羹是经常的事情。如果有好的交流能够让大家满意，那么这个推销员就是成功的。

一位推销员讲述了他自己的故事：

那是1999年的一天，一对老夫妇来到柜台前，我马上上前打招呼。老夫妇俩说想购买一台电热水器，但不知该买进口的还是国产的。我细揣摩用户的心理，问他们想选多大容积的，他们说不清楚。我向他们推荐了一款康泉热水器。他们问康泉热水器是哪生产的，我告诉他们是浙江生产的，他们有些犹豫，我就耐心细致地介绍康泉热水器是国内最早生产热水器的厂家，又是专业生产厂家，与其他品牌热水器的不同在于它是双管两端加热，内胆是不锈钢加全瓷的，还有磁化器装置等。经过我耐心细致的介绍，夫妇俩对康泉热水器有了好感，可当时并没有购买，而是说再转一转，我说好的。没过几天，夫妇俩又来到了柜台前，我又细致地介绍了一遍。夫妇俩特别满意地说："不用再介绍了，我们到过其他商场，他们介绍得可没有你这样详细热情，所以还是到你这里来购买了。我还要去向别人推荐，让他们也到你这里来购买。"

毋庸置疑，这个人是成功的。他的主动热情打动了别人，同样的产品，这对夫妇却选择买他的，在此可以看出，这位推销员的热情感染了别人，让别人觉得这个人好，卖的东西实在。这就是一个成功的交流。试想，如果顾客问一句你答一句，那会是什么样子呢？

其实热情很简单，你的一个善意的眼神、一个美丽的微笑，都能让人感到温暖。当别人需要帮助的时候主动帮忙；与别人迎面相遇在狭窄的过道时，你微笑让道；当你看见心仪的对象时，主动上前搭话……如果你一脸冷漠，那么你传达给别人的信息就是你这个人很冷漠，不愿意与人交往。如此一来，也就没有人愿意来和你说话了，大家都怕碰钉子。

其次，人与人的交往是双方的、互动的。主动向别人介绍自己就可以得到大家的响应。

在某次博物馆的单身者郊游活动中，37岁的旅行社代理人贝丝看上了其中一位团友尼尔，一位35岁的英俊飞机师，她决定依赖恋爱类型的接触技巧来安排第一次相遇。

她一面享受着在博物馆的时光，同时不忘在尼尔每次经过她时，给他一个短促的眼神交流。当尼尔第三次经过她身旁时，贝丝决定采取行动。尼尔一动不动地专注于一幅毕加索的画作,贝丝匆匆地走过他身旁并且回头轻声地说:"我觉得毕加索这部作品比其他的都好。"不等待他有任何回应,贝丝继续走向另一个展览厅。

"抱歉,请问你是艺术学系的学生吗?"尼尔紧张地问道,并尝试阻止她离去。其实他一整天都在观察贝丝,他被这位神秘的女士所吸引了。"如果我遇到一位好老师,我想我会是。"贝丝带着淘气的笑容回答。令人惊喜的是,当贝丝和尼尔一起共度下午剩余的时间时,她发现他竟然是一个很好的老师。他带领她欣赏艺术作品,之后他们又一起共进晚餐,享受着在一起的时光。

再次,熟悉能增加人际吸引的程度。

如果其他条件大致相当,人们会喜欢与自己邻近的人交往。处于物理空间距离较近的人,见面机会较多,彼此容易熟悉并产生吸引力,心理空间也比较容易接近。我们经常说"远亲不如近邻",是因为我们和邻居接触多,而与相隔较远的亲戚接触少。接触得多的人,我们会有一种亲密感;而接触得少的人,我们会感觉到生疏。

所以,生活中经常会出现一些"近水楼台先得月"的事情。这个现象,在心理学上被叫做"邻里效应"。

心理学家曾做过一个关于"邻里效应"的实验。

20世纪50年代,美国社会心理学家对麻省理工学院17栋已婚学生的住宅楼进行了调查。这是些二层楼房,每层有5个单元住房。住户住到哪一个单元,纯属偶然,哪个单元的老住户搬走了,新住户就搬进去,因此具有随机性。调查时,所有住户的主人都被问道:在这个居住区中,和你经常打交道的最亲近的邻居是谁?统计结果表明,居住距离越近的人,交往次数越多,关系越亲密。在同一层楼中,和隔壁的邻居交往的几率是41%,和隔一户的邻居交往的几率是22%,和隔三户的邻居交往的几率只有10%。多隔几户,实际距离增加不了多少,但是亲密程度却有很大不同。

可见,与人交往得越多,你们的关系就越亲密。因此,有个心理学家开过这样一个玩笑:如果你想追一个女孩子,千万不要每天都给她写信,因为她有可能因此而爱上邮差。

因此,要想与人建立亲密关系,需要主动与人多接触、多联系。每与人多接触一次,他人对你的印象就会更深一点。

很多人或许懂得这个道理,但是困难的是,他们不知道如何主动跟人联系,如何主动与人保持联系。也有很多人委屈地说:"我不是不友善,我只是太害羞了!""我很好相处,只是不好意思找你!"的确,"害羞"、"不好意思",都是我们与别人沟通的"心理障碍",所以我们一定要把它除去。

无论是与邻居间,还是朋友间、客户间,平时的联系都非常重要。建立"关系"最基本的原则就是:不要与别人失去联络,不要等到有麻烦时才想到别人。"关系"就像一把刀,常常磨才不会生锈,所以主动联系十分重要。经常打电话,有空的时候发一个E-mail,休闲的时候发一则问候的短信,或者联上QQ聊上几句等,都是简单有效的方法。

4. 得意失意都坚持低调,反而会赢得更多青睐

得意的人会自觉不自觉地膨胀、自我放大,就像一把开了刃的尖刀,好像没有什么困难能难倒他,没有什么问题他解决不了。殊不知,这把尖刀随时可能伤害到他最亲近的人,自己也可能会受到意外的打击。过于锋利反而使它变得脆弱,折断可能只是瞬间的事。

不矜功自夸,可以很好地保护自己

明朝有个人叫沈万三,是当时的"全国首富"。他家有田产上万顷,而且在四路八乡的城镇开设有许多店铺。对于他的商业才能,余秋雨先生有过一句评价:中国14世纪杰出的理财大师。

沈万三太有钱了,就连当时的首都南京城,有一半都是他修筑的。朱元璋定都南京后,准备重修都城;可是由于连年的战乱,国库十分空虚,皇帝只好向几个大户借钱。财大气粗的沈万三当仁不让,主动表示承担一半的

钱粮开销。

商人出身的沈万三自然有他的道理，自己这次出了大钱，而且是帮皇上的忙，这个功劳还小吗？如果靠上皇帝这棵大树，名利双收指日可待。

沈万三的自我感觉好极了，得意之情溢于言表。当今皇上都得靠我接济，这是何等荣耀！他与皇帝的工程同时开工，结果沈万三先于皇帝完工，这让朱元璋很不高兴。

修筑帝都3年之后，沈万三觉得"不过瘾"，又申请由自己"掏腰包"犒赏三军，全国军队每人银子一两，总共近百万两。看到这种情况，朱元璋更难受了。

沈万三认为，自己是修建首都的头号功臣，而且还给大明的军队花了那么多钱，皇帝怎么也得向他这个"土财主"表示一下谢意。可是他忘了那句话：功高盖主。大明朝是朱元璋的，姓朱不姓沈，朱元璋哪里能容得下沈万三这样的普度众生的"活菩萨"？最终，沈万三被以乱民的罪名发配云南，没收亿万家产。

曾经的荣华富贵一下子变成了过眼烟云，一贯养尊处优的沈万三，根本受不了云南的凄凉清苦。身体上的折磨还是次要的，心理上的痛苦才让他不能承受。不出3年，沈万三就在愤懑抑郁中死去了。

正如英国19世纪政治家查士德斐尔爵士对他的儿子所说的：要比别人聪明——如果可能的话，却不要告诉人家你比他聪明。

明成祖年间，广东布政使徐奇进京朝见皇上，顺便带了一些岭南的藤席准备馈赠给朝廷中的官员。不料，京城的巡逻官把这些藤席截获，并将徐奇馈赠礼品的人员名单呈给了明成祖。

明成祖反复看了几遍名单，见其中唯独没有太博杨士奇的名字，觉得有必要问个究竟，于是立即召见了杨士奇。杨士奇解释说："当初徐奇受命赴广东任布政使，离行前众官员都作诗为他送别，所以徐奇这次回京特用藤席回赠。那一次臣正好有病在身，没有赠诗给徐奇，不然的话，我这次也在馈赠之列。今天众官员的名字虽然都在礼单上，但他们不一定会接受徐奇的礼物；再说藤席乃岭南特产，徐奇馈赠藤席只为了表达谢意，不会有别的目的。"

杨士奇这番话讲得自然得体,明成祖对他的疑惑打消了,也原谅了徐奇,命人把名单烧了,从此再也没有过问此事。

在封建时代,皇权是至高无上的,"君疑臣必死"。如果杨士奇借此机会炫耀自己的清廉,不仅不会得到赞赏,还会加重明成祖对他的疑心。杨士奇故意将自己牵扯进来,说明自己与别人没有什么不同,反而赢得了明成祖的信任。更妙的是,杨士奇此举不但挽救了自己,也免除了徐奇的祸事。

刘睦是东汉明帝的堂侄,自幼好学上进,喜好结交有学问的名儒,长大后被封为北海敬王,忠孝仁慈,礼贤下士,深受百姓的爱戴。

有一年岁末,刘睦派一名官员去都城洛阳朝贺。临行前,他问这位官员:"如果皇上问起我现在的情况,你想怎样回答呢?"

官员不加思索地说:"您德高望重、忠心耿耿,是百姓的再生父母。下员虽然愚鲁,但此区区小事定能向皇上禀报清楚。"

刘睦听后,连连摇头:"你若这样说,就把我给害了!"

见官员一副迷惑不解的样子,刘睦又接着说:"你见到皇上之后,就说我自承袭王爵以来,意志衰退,行动懒散,每日只知吃喝玩乐,对正业毫不用心。"

刘睦善于守拙,不想让皇上知道他是一个精明的人。

因为在当时,凡有志向的皇室成员都容易受朝廷的猜忌,弄不好就会招来杀身之祸。刘睦故作糊涂人,实在是明哲保身的妙计。

隋唐著名才子薛道衡,13岁时就能讲《左氏春秋传》,隋高祖时做内史侍郎。大业五年,被召进京,当时已是自负才气的隋炀帝杨广在位。薛道衡为了显示自己的文章水平,呈上了《高祖颂》。炀帝看了很不高兴,说:"只是文词漂亮而已。"

有一次,炀帝与下臣谈天,说自己才高八斗,傲视天下文士。御史大夫乘机说薛道衡自负才气,不听训示,有无君之心。于是炀帝便下令把薛绞死了。

看来,薛道衡由于不懂得深藏不露、明哲保身,得罪了不少人,不但有隋炀帝，也有那个进谗言的御史大夫，甚至可能还有其余的大臣，否则怎会没人替他求情呢？

因为锋芒太露而把人得罪光了，薛道衡算得上是一个典型，韩信也算是一个。

韩信是汉朝的第一大功臣：在汉中献计出兵陈仓，平定三秦；率军破魏，俘获魏王豹；攻下代，活捉夏说；破赵，斩成安君，捉住赵王歇；收降燕；扫荡齐；历挫楚军；连最后垓下消灭项羽，也主要靠他率军前来合围。司马迁说：汉朝的天下，三分之二是韩信打下来的；项羽，是靠韩信消灭的。

但是，功高震主，本来就犯了大忌，加上他又不能谦退自处，看到曾经是他部下的曹参、灌婴、张苍、傅宽等都分土封侯，与自己平起平坐，心中难免矜功不平。樊哙是一员勇将，又是吕后的妹夫，每次韩信访问他，他都是"拜迎送"，但韩信一出门就要说："我今天倒与这样的人为伍！"这样，韩信终于一步步走上了绝路。

正如洪应明在《菜根谭》一书中所说："藏巧于拙，用晦而明，寓清于浊，以屈为伸，真涉世之一壶，藏身之三窟也。"以上举的例子，都说明做人宁可显得笨拙一些，也不可显得太聪明；宁可收敛一下，也不可锋芒毕露；宁可随和一点，也不可自命清高；宁可退缩一点，也不可太嚣张。

枪打出头鸟——木秀于林，风必摧之

"木秀于林，风必摧之；堆出于岸，流必湍之；行高于人，众必非之。"这段话出自三国魏人李康的《运命论》，意思是：树木在山林中过分清秀而出类拔萃，必然会被风所摧毁；石堆比海岸还要高，流水必然会冲击它；行事为人事事高于别人，别人难免会毁谤他，产生非议。

这是一段很有哲理的生存博弈论，说明了为什么很多人都把韬光养晦作为自己修身养性的必要法门。无论在怎样的环境之下，如果你事事都表现得很聪明，那么危险也会随之而来。一个真正聪明的人，必然懂得这个道理。

《菜根谭》中有一句话："聪明人宜敛藏，而反炫耀，是聪明而愚懵其病

矣，如何不败?"这句话的意思是，聪明有才华的人应该掩藏自己的才智，如果到处炫耀张扬，那么他的言行就跟愚蠢无知的人没有区别，他的事业哪有不失败的道理? 这是那些自以为是的聪明人一定要记住的座右铭。

俗话说:"枪打出头鸟。"一个人做事太过高调，就会成为众矢之的。在生活中，很多人正是因为急于想表现自己的才华，才导致四处碰壁、举步维艰，甚至因为太露锋芒而丢了性命。

三国时期，曹操的谋士杨修是个聪明绝顶的人，但是最后却遭到了曹操的诛杀，一切都源于他的"聪敏过人"。

有一年，工匠们为曹操建造相府的大门，当门框做好，准备做门顶的椽子时，恰好曹操走出来观看。曹操看完后，在门框上写了一个"活"字，便扬长而去。

杨修见状，立即叫工匠们拆卸重做，并说:"丞相在门框上写了个'活'字，门中有活即'阔'字，就是说门做得太窄太小了，要阔大。"杨修的确够聪明，竟然能够从一个字揣摩出曹操的心思，但他的聪明，也招致了曹操的嫉恨。

建安二十四年，曹操与刘备争夺汉中，屡遭失败。曹军不知该进还是该退，曹操便以"鸡肋"二字为夜间口令，将士们都不解其意，只有杨修明白:"鸡肋就是吃起来没什么味道，丢掉又觉得可惜，丞相的意思是要撤兵啊!"他马上私下告诉大家收拾行装，随时准备撤兵。没多久，曹操果然下令撤军了。当曹操知道杨修事先已把机密告诉大家时，终于找到了借口，以"泄露机密，私通诸侯"的罪名将杨修杀掉了。

具有实力和能力的人不一定会笑到最后，即使不是由于自己的张扬惹得他人生厌，也会因为才能而招致旁人的忌妒。杨修的头脑足够聪明，仅从一两个字就能知晓曹操的心意，但是他却没有什么大智慧，不知道曹操忌讳的是什么。

三国时期，群雄争霸看的是谁能够坚持长久，谁能够笑到最后。其中，性格比较急躁的诸侯，如董卓、袁术、袁绍等都早早地失败了，因为他们太急功近利、锋芒毕露了，所以过早地消耗掉了实力，失去了民心的支持。而雄霸一方的曹操却不着急称帝，刘备则更加小心地潜伏着。

东汉末，曹操挟天子以令诸侯，势力大；刘备虽为皇叔，却势单力薄，为防曹操谋害，不得不在住处后园种菜，以为韬晦之计。

一天，刘备正在浇菜，曹操派人请刘备，二人对坐，开怀畅饮。酒至半酣，忽然阴云密布，大雨将至，随从遥指天边的龙挂，曹操与刘备凭栏观之。曹操说："你知道龙的变化吗？"刘备回答说："我不知道，愿闻其详。"

曹操说："龙能大能小，能升能隐；大则兴云吐雾，小则隐介藏形；升则飞腾于宇宙之间，隐则潜伏于波涛之内。方今春深，龙乘时变化，犹人得志而纵横四海。龙之为物，可比世之英雄。玄德经常在外游历，一定知道当世的英雄。请你说说当世英雄是谁？"刘备装作胸无大志的样子，说了几个人，都被曹操否定了。

曹操此时正想打听刘备的心理活动，看他是否想称雄于世，于是说："夫英雄者，胸怀大志，腹有良谋，有包藏宇宙之机，吞吐天下之志者也。"刘备问，谁能当英雄呢？曹操单刀直入地说："当今天下英雄，只有你和我两个！"刘备一听，吃了一惊，手中的筷子也不知不觉地掉在了地上。这时突然下起大雨，雷声大作，刘备灵机一动，从容地低下身拾起筷子，说是因为害怕打雷，才掉了筷子。曹操此时才放心地说，大丈夫也怕雷吗？刘备说："连圣人对迅雷烈风也会失态，我还能不怕吗？"经过这样的掩饰，使曹操相信刘备是个胸无大志、胆小如鼠的庸人，躲过了曹操的疑忌。

当曹操高谈阔论、眉飞色舞、肆无忌惮地抒发英雄气概之时，刘备却能寄人篱下、忍辱负重。试想，这般忍辱对于一个英雄来说需要多大的气魄！由此也证明了一句话：雌伏是为了雄飞，而非隐退；沉默是为了雄辩，而非噤声；忍辱是为了雪耻，而非饮恨。

古书云："君子藏器于身，待时而动。"一个人的才能就像刀剑的锋刃，可以加以利用，亦可被其所害。因此，夸饰自己的才能好比随意向别人袒露防身的武器。有才之人须懂得藏锋不露、隐器于身、待时而动。喜欢炫耀而不知收敛之人，必将招致祸患而不自知。

5.坚持责任心,做好每一个细节

任何人都不可否认的一个事实是:最伟大的生命往往是由最细小的事物点点滴滴汇集而成的。生活的溪流是由这些琐屑、无足轻重的事件以及那些过后不留一丝痕迹的细微经验渐渐汇集成的,也正是它们构成了生命的全部内涵。

不屑于做细微之事的人,永远成就不了大的功业

科学界的巨匠亥姆霍兹把自己一生的成就归功于他因伤寒发作而得的狂热症。当时,他由于生病不得不呆在家里,便用很少的一点钱买了一架天文望远镜。而正是这架望远镜把他带入了科学的殿堂,并让他日后在这个领域里名声大噪。

格兰特将军回忆说,有一次他妈妈让他到邻居家去借点黄油。路上,他听人在念一封信,信上说西点军校正在招生。于是,他就没去借黄油,而是直接去西点招生处申请去西点的名额。也正是这个机遇,使他有机会接受正规的军事教育,为他日后在国家的危机中大显身手奠定了基础。他经常说,就是他妈妈叫他去借黄油这件小事情才使得他成了将军,继而当上了总统。

一艘小船颠覆了,却使华盛顿因此而生在了美国;一个矿工在挖井的偶然事故中发现了赫库兰尼姆古城遗址;航海冒险中的一次大错竟然发现了马德拉群岛……

那些对自己的本性毫无认识、不屑于做细微之事的人,永远成就不了大的功业。

责任心,可以把不可能的事变成可能

我们在职场中经常会看到这样一类人:他们有能力,但他们的能力运

用是有前提条件的，对自己有好处、有利益的时候才用，否则就不用，能躲就躲，能推就推。这样的人在职场上很难得到重用。而有责任心的人则不一样，即使开始能力差一点，但因为一心只想把事情做好，他会想尽办法学习和提升。最后，能力上去了，境界也摆在那里，这样的人，发展的前景可想而知。

所以，责任心，任何时候都是职业化的灵魂。有了责任心，你就不会找任何借口，只要是与工作有关的事，都是自己该尽力去做的事，甚至，责任心可以把不可能的事变成可能。

在《移动周刊》上，曾经刊登过一篇《飞跃客户心中的喜马拉雅》的文章，身为中国移动湖南分公司客服部工作人员的作者写了这样一段亲身经历——

有一天，她接到一个电话，当她像往常一样询问对方需要什么帮助时，电话那边却没有声音。过了好一会儿，对方突然低声说："喂，我和女朋友要分手了。"如果一般人接到这样的电话，多半会想：这也太可笑了，你和女朋友分手怎么把电话打到这来了？这又不是心理咨询热线！甚至会想，对方该不是精神上有什么问题吧？可能直接就会把电话挂了。

但她却没有这样做，而是小心地问对方："先生，这和我们移动公司有什么关系吗？"

一听她这么问，对方的情绪立即激动了起来："怎么会没关系？都是因为你们移动，害得我和女朋友总是吵架，现在都要分手了，我再也不相信你们移动了！"还没等她反应过来，对方就"砰"的一声把电话挂断了。

这下她可真是一头雾水，到底是怎么回事？可能很多人接到这样的电话，听完就算了，甚至将它当作一个骚扰电话。但她却想，听对方的语气不像有意找茬，可能真的是遇到了什么问题。

她想把事情弄清楚，于是查找了来电记录，发现对方当天拨打了5次客服的电话，每次都不到一分钟。这样看来，这名客户可能认为客服不会帮他解决问题，所以他只是通过拨打10086来宣泄他的不满。

因为不想让客户放弃对公司的信任，她决定了解一下到底发生了什么事情，于是拨通了对方的手机。然而，她刚刚说了声"您好，我是10086的客服代表……"对方就大声喊道："我心情不好，你别来吵我，我跟你们移动公司没什么好讲的！烦躁！"然后又是"砰"的一声把电话挂断了。

遇到这种情况，很多人都会觉得很委屈：我打这个电话是出于一片好心，他却一点也不领情，简直太让人生气了，算了，我也懒得管了！

但她却并没有这样做，第二天又拨通了对方的电话。在她热心而耐心的引导下，对方终于向她讲述了事情的原因。

原来，那位客户住的地方比较偏远，手机信号不好，电话老是接不到。久而久之，他在外地工作的女朋友就疑心他瞒着自己交了别的女朋友。前几天，他给女朋友打电话，好不容易打通了，两人正准备好好聊聊，谁知手机这时却串了线，出现了另外一个女孩的声音。这样一来，他的女朋友就更加坚信自己的怀疑了，吵着要分手，他怎么解释都听不进去。因为满腔的委屈说不出来，他便把怒火都发泄到了移动公司身上，所以才有了开始的那一幕。

她明白了事情的真相后，决定帮助这个客户。放下电话后，她拨通了客户女朋友的电话。经过反复地说明和解释，客户的女朋友终于相信了那只是一场误会，并表示不再赌气了。

等她把这个消息告诉客户时，客户高兴得不知道说什么好。也就是在客户不停说着谢谢的那一刹那，她觉得非常高兴，因为自己勇敢地飞跃了客户心中的"喜马拉雅"山。

相信看了这个真实的案例，很多人心中都有很深的感触。因为心中有一份"不让任何一个客户失去对公司信任"的责任，所以不管对方不理解也好、有怨言也罢，这个服务人员都能心平气和地接受，并且在一次次努力下，弄清问题的原因，并找到解决的方法。

其实，她不仅飞跃了客户心中的喜马拉雅，也飞跃了自己心中的"喜马拉雅"——责任的高山。

只要有责任心，就没有解决不了的问题，没有找不到的方法。

但是，很多人在遇到问题时不愿意承担责任，甚至寻找"替死鬼"或"替罪羊"。殊不知，当你这样做的时候，问题不仅不会因此消失，你的人品反而会遭到别人的质疑甚至鄙视，更别说日后在职场上的发展了。

陈任和张明在同一家速递公司工作而且被分到一组成为搭档，他们工作一直都很认真、努力，领导对他们也都很满意，然而一件事却改变了两个人的命运。一次，陈任和张明负责把一件大宗邮件送到码头，这个邮件很贵重，是一件古董，领导反复叮嘱他们要小心。到了码头，陈任把邮件递给张明的时候，张明没接住，邮包掉在了地上，古董碎了。为此，领导对他俩进行了严厉的批评。

回去后，张明趁着陈任不注意，偷偷来到办公室对领导说："这真的不是我的错，是陈任不小心弄坏的。"

"谢谢你，我知道了。"领导平静地说，随后把陈任叫到了办公室问："陈任，古董是你不小心弄坏的吗？"

陈任立刻知道一定是张明说了什么，但是，他没有辩解，只是说："这件事情是我失职，我愿意承担责任。"

第二天，陈任和张明一起等待处理的结果。到了下班前，领导把陈任和张明叫到了办公室，对他俩说："其实，古董的主人看见了你们递接古董的过程，他已经对我讲了他看见的事实。还有，我也看到了问题出现后你们两个人的反应。我决定，陈任留下继续工作，用你赚的钱来偿还客户。张明，明天你不用来工作了。"

人们往往对于承认错误和担负责任怀有恐惧感，因为承认错误、担负责任总与接受惩罚相联系。所以，有些不负责任的员工在遇到问题时，首先考虑的不是自身的原因，而是把问题归罪于外界或者他人，寻找各种各样的理由和借口来为自己开脱。

比如：工作业绩不理想，一定是上司领导无方、相关部门不配合；领导不喜欢你，一定是他不懂得欣赏你；销售任务没有完成，一定是客户太挑剔……在很多管理者看来，这些都是无理的借口。这些借口并不能掩盖已经出现的问题，不会减轻你所要承担的责任，更不会令你推掉责任。

当然，承认错误难免要遭受老板的责罚，但是当你选择承认错误时，你得到的真的只有惩罚吗？

　　杰拉德是美国一家公司的财务人员。一天，他在做工资表时，给一个请病假的员工做了全薪，忘了扣除他请假那几天的工资。后来杰拉德发现了这个错误，便找到这名员工，告诉他下个月会将多给的钱扣除。但是这名员工说自己手头正紧，请求分期扣除，如果这么做，杰拉德就必须请示老板。

　　杰拉德当然明白主动把这件事告诉老板，老板肯定会责怪他，但是杰拉德没有逃避责任，更没有为此编造借口搪塞老板，他比任何人都明白这件事情是因为自己工作失误造成的，他要为这个错误负责。

　　杰拉德走进老板的办公室，告诉老板自己犯的错误后，没有想到老板却帮他说话。老板很生气地指责这是人事部门的错误，但杰拉德再度强调这是他的错误；老板又大声指责这是会计部门的疏忽，但杰拉德再次认错。这时，老板站起来拍了拍杰拉德的肩膀，语重心长地说："嗯，不错，我坚持不说是你所犯的错误，而去指责别人，是为了看看你承认错误的决心到底有多大。好了，现在你去把这个问题按照你自己的想法解决掉吧。"

　　事情就这样解决了。因为杰拉德勇于承认自己的错误，从此以后，老板更加器重杰拉德了。

　　犯了错误肯定要承担一定的责任，取得老板谅解的最好办法就是第一时间到老板那里承认自己的错误。如果你能在老板发现之前就去承认自己的错误，并把责备自己、忏悔改过的话说出来，会更容易得到老板的原谅。

　　如果你能以积极的心态，主动地承认错误，那么，你将永远不会为错误所累，你会更快地获得成功！

6. 坚持内修，给自己的形象加分

　　个人形象是一个人最主要的自我表现。你给人一种什么样的印象？给人什么样的感受？你希望别人看到你以后有什么感觉？你不在的时候，别人会如何谈到你？别人疏远你是否与你的形象有关？如果以上这些问题你从来没有思考过，那么你的形象一定还需要完善。

想要成功，先要"看起来像个成功者"

对于那些穿着整洁、言行举止彬彬有礼的人，我们很愿意跟他们交往；而那些不懂得搭配，不在意衣服上的污渍，留着脏兮兮的长发，在公共场合满口脏话的人们，虽然他们能赢得别人的目光，但那绝对不是赞许的目光。

虽然这是个张扬个性的年代，是个崇尚自由的年代，即使你把自己打扮成"济公"的模样，别人也管不着，然而，别人对你的印象好坏，直接决定了他们与你交往的态度和方式。只有被人认可的形象才能令人产生较多的好感和信任感。

有一个穿着不太讲究的年轻人，总是喜欢一件衣服穿到底。他到朋友家玩，朋友给他提出了十分中肯的意见，"你长得挺帅的，为什么不找件干净衣服穿上呢？别人看着也舒服。"

这个年轻人不以为然，开玩笑地说："我才不在乎谁说我呢。我的朋友不会在乎，在乎这些的不是我的朋友！你可别指望我打扮给你看！"

这时候，朋友的妹妹回来了，年轻人一下子就对这个漂亮的女孩产生了好感。他努力地想跟女孩多说几句话，可女孩只是礼貌地回答了几句就进了房间。

之后，年轻人动不动就往朋友家跑，他知道自己已经被这个女孩迷住了。他认为自己够幽默、够热情、够聪明，可女孩总是躲着他，这让他百思不得其解。

一天，年轻人从朋友家告辞后，发现手机忘了拿。当他正准备推门进去的时候，他听到女孩正不耐烦地问哥哥："这个常来我们家的邋遢鬼到底是谁啊？"

此时，年轻人感到脸上火辣辣的，自尊心受到了严重伤害。回到家后，他第一次有意识地照了镜子，第一次认真地看到了镜子中那个邋遢的自己。

一件事能不能办成，一个人能不能成功，并不仅仅取决于他的学历和能力，还有形象。事实上，许多明明有内涵又优秀的人，就像上面那个青年一样，只因外表的不恰当，在工作和生活中被人否定，这确实很可惜。

塑造一个精神、美好的形象并不仅仅为了取悦别人，更为了让自己有一份好的心情，有一个好的生活状态。好的形象让人更愿意接近你，有助于你获得别人的认可和欣赏，你的生活也会因此增添更多的机会；好的形象让你对自己更加满意，让你对生活充满热情。

有些成功者一眼就能让人看出他的与众不同。"他看起来就像个企业家！""他看起来就很有魄力！""他看起来就很棒！"在这些成功人士身上，我们总是很容易就能看到他们自身的魅力和气质。

一个人形象的好坏，在成功的道路上虽然不能起到一锤定音的关键作用，但是却能决定你在他人心中受欢迎的程度。好的形象能令他人对你留下好的印象，建立你在众人心中的信心，为你争取更多的成功机会。

某公司的总经理助理突然辞职了，为了尽快找到合适的人选，人事部决定不对外招聘新人员，而是在行政部几位年轻的女孩中选一位。

总经理助理的职位虽然头衔不算高，但非常重要。这个职位能够全面锻炼一个人的工作能力，更重要的是可以学到很多东西，认识一些重要的客户，积累一定的人脉资源，也能为将来升为公司的部门经理奠定基础。因此，行政部的几个女孩都跃跃欲试。

最终，通过考核和评估，总经理助理的人选定在小曼、小茜和小蕾3个女孩身上。为了公平起见，人事部决定民主选举，让大家投票。

投票的结果，8个人中有6个人都投了小茜的票。同事们都说小茜"一看就很职业""一看就像个做事的人"。

尽管这3个女孩几乎是同时进的公司，年龄也差不多大，能力也相当，但小茜显然要比另两个女孩成熟多了。她每天上班都穿着一身职业装，长长的头发用水晶发夹盘了起来，脸上画着淡妆，工作的时候不苟言笑，一副干练高效的样子。

小曼是同事的"开心果"，她喜欢穿娃娃衣，是个十足的"kidult"（孩童化的成年人）。她乐观开朗，心里藏不住事情，喜欢用笑话逗乐同事，连她的电脑屏幕都是蜡笔小新的图像。而小蕾则是个十足的熟女，她的举手投足间都显露出一种优雅和温顺。她常常一袭长裙，黑发披肩，看她一眼就知道她是个"乖乖女"。

有时候，"看起来就像个……"会让你更加接近那种人，或者让你自然而然地觉得自己就是那种人。所以，在你追求能力、寻找机会的时候，不要忽略了自己的形象价值。

选举的时候，别人会因为你"看起来像个领导"而考虑投你一票；领导提拔人才的时候，会因为你"看起来像个可塑之才"而考虑提拔你；跟客户谈判的时候，对方会因为你"看起来像个可靠的人"而考虑跟你合作。

因此，任何时候你都要把自己装扮成个成功者，让自己早点进入成功的状态。不要对此不屑一顾，"看起来就像个成功者"至少能让你获得几个好处：

(1)增加了自己的信心。

当你像成功者那样思考、像成功者那样举止、像成功者那样说话时，你能很强烈地感受到，你就是个成功者。这种感觉能够激励你像成功者一样进取。

(2)获得他人的认可。

有能力的人容易受人尊敬，但当你的能力没有展示出来的时候，你就得用形象来为自己博取"人缘"，那些"邋遢鬼"即使再有能力也不见得受人喜爱。想想那些广告商们为什么千方百计要选择一些形象美丽、健康、阳光的人为产品"代言"吧！

(3)为自己争取更多的机会。

虽然成功者的外貌神态各有不同，但他们必定有一些共同的特点：充满激情、精力充沛、果断干练等，举手投足间都有一种"领袖气质"，给人一种"靠得住"的感觉。没人愿意对那些不修边幅、萎靡不振的人委以重任。

培养内在魅力，树立良好形象

当然，做到"看起来就像个成功者"并不仅仅是穿衣打扮以及生活细节上的优雅、有品味,更多的应该是像成功者一样有信心、有能力、有魄力和内在魅力。

那么,年轻人要建立一个好的形象,应该注意哪些问题呢？

"你这个人相当没品味！"当听到别人对你如此评价的时候,你会有什么感受？庸俗？浅薄？老土？不入流？

没错,我宁愿听到别人说我丑,也不愿意别人说我生活没品味。因为一个人的长相是天生的,没办法更改;而品味则是后天培养的,它涵盖了一个人相貌之外更多的东西,是一个人综合素质的体现。

品味高的人,他的生活优雅、精致、有情趣、有格调、有追求、有意义;品味低的人生活随意、敷衍、粗鲁、低俗,对生活没有多高的要求,得过且过。

要想在别人心里是个有品味、有涵养的人,你就得真正地充实自己,让自己全方位地成长起来,成为受人欢迎、魅力四射的人。

想要外表有品味很容易做到,只需要稍加用心就可以了;而想提高修养品味,那就得下一番工夫了,应该抽出大量的业余时间去充实自己。如果你不断地去充实自己的内心,人们会发现一个一天比一天更睿智、一天比一天更洒脱、一天比一天更雅的你。此时,你的魅力就会不由自主地展现出来,你必将成为受人欢迎的人。

(1)增长见识以提高自身的修养。

要提高自己的品味,首先需要增长见识,特别是文化方面的修养。不要把自己局限在个人的小圈子里,两耳不闻天下事。

有空可以多泡图书馆,听音乐会,参观名书画展、艺术品展览,多参与一些文化人组织的活动。虽然这些活动你未必都感兴趣,但多参加能使你从优秀作品中汲取营养,开阔视野,丰富知识,陶冶情操,从而提高你的文化底蕴和文化修养,让你在不知不觉中受到文化洗礼。当人们再次与你相遇时,总会发现一些他们以前所未发现的东西,感受到你知识的"渊博"和谈吐的"有品位"。

(2)在阅读中提高自己的生活情趣。

读书,不只是读的问题,更重要的是丰富自己,增长知识,提高品味,自我沉淀。西方有一句谚语："你读什么书，就会成什么人。"从一个人对书籍的态度，就可以看出他的性格、思想以及生活态度。

每天抽出点时间坐下来，品品香茶，读读好书，这样会在不知不觉中提高你的文化品味。"读一本好书就是与一个高尚的人交谈。"反之，读一本坏书就是跟一个思想下流的人打交道，长期受他的影响，就会"近墨者黑"。所以，一定要警惕自己休闲的品味。选择书的时候，一定要读好书，读水准较高的书，而不要在一些低级庸俗的书刊中寻找刺激、荒费时间，这对提高你的人格魅力和文化品位毫无帮助。

(3)不要为了将来而过廉价的生活。

有一个男孩，出生于农村，家庭条件很不好，因此，他把所有的心思都花在了学习上，希望知识能够改变他的命运。在学校里，他永远只穿一身灰色的外套和黑得发白的牛仔裤，而且不爱说话。寝室的人参加联谊活动，也从来不叫他，因为怕他损害整个寝室的形象。

毕业后，他找到了一份计算机程序设计的工作，他工作很卖力，报酬也十分丰厚。尽管手头上已经很宽裕了，但他仍不懂得打扮自己，不舍得多花一分钱在自己身上，在学校时穿的那套"古董"衣服，仍然套在身上。

他对自己的吃、穿、住、用没有任何要求，他永远吃最差的、用最差的、穿最差的。同事们对他的印象，不是"看起来笨笨的"、"好像有点脏兮兮的"，就是"头发上总是油乎乎的"。同事们都不愿意接近他，有的同事甚至觉得他很怪异。

与那些挥霍无度的年轻人相反，有的年轻人则是毫无原则地节约，似乎每一项消费都会破坏他们心中的安全感。他们省吃俭用，不该花费的不花，该花费的也不花。这种人留给人的印象就是吝啬、迂腐，当然没有品味可言。

年轻，虽然是奋斗拼搏的好时期，但绝不是说年轻就不能享受生活。当然，过有品味的生活也绝不是挥霍腐败。

可能你会认为培养高雅的品味、优雅精致的生活、文化艺术的修养、打高尔夫球、听音乐会、弹钢琴、穿品牌服装要有金钱的支持。所以，你认为只有先赚到了钱才能提高品味，有钱人才有权谈品味。

的确，有钱人更容易接近高标准的物质和精神生活，但是品味跟金钱却没有绝对的关系。一个人的品味并不是由他的财富决定的，而取决于他所受的教育、生活观、性格和所处的环境。就像一个人的穿着，并不在于有多么华丽，而在于搭配是否恰当和得体。有的人虽然全身名牌，珠光宝气，但却给人庸俗的感觉；有的人仅仅是简单的牛仔加T恤，却能穿出自身的气质。

精致和优雅的生活，并不是随着品牌和金钱来的，它来源于你骨子里的"精品意识"。

(4)别让细节给你的形象丢分。

周六下午，鲁莉要赶到鼓楼大街去相亲，姐姐给她介绍了一个"很不错"的小伙子。

鲁莉到目的地的时候，对方已经到了，他在咖啡厅靠玻璃窗的位子坐着。鲁莉不禁打量起他来：一条休闲牛仔裤，一件条纹棉质T恤，一件薄而挺括的黄色外套，面料精细，搭配和谐，看起来应该是个有品位的人。

姐姐说得果然没错，外形还算能入得她的法眼！她顿时对这个小伙子有了好感。见面后，双方相互介绍了姓名，小伙子叫李亮。

服务员上来，问两人喝点什么。鲁莉点了一杯摩卡咖啡，然后把菜单递给对面的李亮。李亮微微一笑，对服务员说，他也要一杯同样的。

接着，两人开始聊天，他们聊天气，聊他们熟悉的人，李亮态度大方，气氛还算不错。

一会儿，咖啡上来了，李亮很绅士地做了个"请"的姿势让鲁莉喝咖啡。接着，他自作主张地用糖夹子把方糖夹到了鲁莉杯里。

"啊！"方糖掉到咖啡杯中的一瞬，几滴咖啡溅到了鲁莉的衣服上。李亮的表情也顿时僵硬了，连连说对不起。

鲁莉想，可能是他太紧张了——见过吃饭时给人夹菜的，但没见过喝咖啡时给人夹糖的。她觉得他有些滑稽，忍不住想笑。

鲁莉擦了几下衣服，显然是擦不掉了。这下，双方都不知道说什么了，气氛变得尴尬起来。

鲁莉想打破这种紧张的气氛，她突然想到最近看了一本小说《追风筝的人》，希望两人能找出一点共同话题来。于是，她问李亮是否看过这本书。没想到李亮却说，他从来不看小说，太浪费时间了。

鲁莉本想纠正他对小说的"偏见"，却发现李亮拿起杯中的小勺，一勺一勺地往嘴里送咖啡。"天啊！有这么喝咖啡的吗？"鲁莉大吃一惊，随即便起身说家中有事，匆匆离开了。

从外貌和服饰上看，李亮给鲁莉留下了很好的印象：有品味，有素质。可是偏偏在喝咖啡的时候，用糖夹子直接夹糖、用小勺喝咖啡等细节无声地揭露了李亮的本来面貌，毁掉了他在鲁莉心中的形象。

不要小看了细节的力量，它们可以反映出一个人的形象和素质，为我们身边的人提供一个无限的想象空间。而经常无意间破坏我们形象的不是别人，恰恰是我们自己言行举止中一些不恰当的小细节。

一位先生要雇一名勤杂工到他的办公室做事，他挑中了一个男孩。"我想知道，"他的一位朋友问道，"你为何喜欢那个男孩？他既没带一封介绍信，也没有任何人的推荐。""你错了。"这位先生说，"他带来了许多介绍信。他在门口蹭掉了脚上的土，进门后关上了门，这说明他做事小心仔细；进了办公室，他先脱去帽子，证明他既懂礼貌又有教养；当看到那位残疾老人时，他立即起身让座，表明他心地善良、体贴别人。""其他所有人都从我故意放在地板上的那本书前迈过，而这个男孩却俯身捡起了那本书，并放在桌上。当我和他交谈时，我发现他衣着整洁，指甲修得干干净净，难道你不认为这些小节是极好的介绍信吗？"

不要以为没有人注意你。与你交往的人往往都有一双雪亮的眼睛，即使你不说话、不做事，他也能把你看得清清楚楚。所以，你要随时注意自己的形象，从小处入手，于细微处见精神。

第四章 ■

目 标 篇

——看清事物的将来,坚定不移地去做

　　一件事情,重要的不是现在怎样,而是将来会怎样。要看到事物的将来,就必须有高远的眼光和清晰的目标。看清了它的将来,坚定不移地去做,事业就已经成功了一半。

------

1. 伟人心中有志向,凡人心中有愿望

　　伟大的歌德说:"就最高目标本身来说,即使没有达到,也比那完全达到了的较低的目标更有价值。"目标必须给心智留有较大的空间,我们才不会因自我设限而窒息,才可以追求更大的成功和幸福。

胸怀大志,有战略眼光

　　人伟大,是因为目标伟大。有人成功了,有人未成功,有人大成功,有人小成功,这与目标的"大小"有很大的关系。

　　现在的麦当劳已经发展成了全世界快餐业的巨无霸,可你知道吗?这并不是它的创始人麦当劳兄弟的功劳。将麦当劳一手做大的,是另一个叫瑞·克罗克的人。

克罗克是一个一生坎坷的人，年过五十还事业无成，做着一门小小的生意——推销奶昔机器。一次偶然的机会，他发现业务报表上有一家叫麦当劳的汽车餐厅一口气订购了8台奶昔机器。他认定这是一家不一般的店，于是立刻动身前往察看。他发现，这家餐厅的生意很是红火。克罗克敏锐地意识到，随着社会生活节奏的加快，麦当劳这样的快餐店会越来越受到人们的青睐。于是，他立即找到了餐厅老板麦当劳兄弟，要求合伙与他们做生意。克罗克向他们陈述了自己的想法，告诉他们如果能去别的城市开几家分店，将会大大提高现在的营业额，并自告奋勇为他们开路，只要他们提供资金。但麦当劳兄弟并不感兴趣，他们已经很满足了。凭着这一个店，他们一年就能够稳赚25万美元，这在当时不是个小数字。不过，他们同意让克罗克加入进来，帮他们料理生意。

克罗克进入快餐店后，很快就掌握了经营快餐店的一套办法。他曾多次建议麦当劳兄弟改善营业环境，以吸引更多的顾客；并提出配制份饭、轻便包装、送饭上门等一系列经营方法，以扩大业务范围，增加服务种类，获取更多的营业收入。由于克罗克经营有道，为店里招徕了不少顾客，生意越做越好，这使麦当劳兄弟对他极为看重，对他更是言听计从。虽然餐馆名义上仍是麦氏兄弟的，但实际上的经营管理、决策权已经慢慢掌握在了克罗克的手中。

与此同时，克罗克不忘做大麦当劳的想法，建议麦氏兄弟在全国各地开设连锁店。在克罗克的努力下，6年之后，麦当劳在全美国的连锁店达到了200多家，克罗克仿佛已经看到了一个快餐帝国的前景。

通过与麦氏兄弟的合作，克罗克发现这两个人目光短浅，跟他们长期合作不会有太大的发展前途。所以克罗克决定买下麦当劳，自己独自单干。

1961年的一个晚上，克罗克与麦氏兄弟进行了一次很艰难的谈判。起初，克罗克先提出了较为苛刻的条件，对方坚决不答应，克罗克稍作让步后，双方又经过激烈的讨价还价，最终克罗克答应以270万美元买下麦当劳餐馆。麦氏兄弟尽管有种种忧虑与不安，但面对如此诱人的价格，他们终于动心了。"270万美元，整整270万美元呀！这么优惠的价格，傻瓜才会不接受呢！"双方就此达成协议，并很快进行了产权交割，办理了有关移交手续。

这件事在当时引起了巨大的轰动，而快餐馆也借众人之口，深入人心，大大提高了其在美国的知名度。1968年麦当劳的店铺达到1000家，1978年达到5000家。经过40余年的发展，目前麦当劳已有7万多家店铺，遍布全球100多个国家和地区，几乎达到了每4小时开一家新店的速度。1965年4月15日，麦当劳公司股票上市时，每股为22.5元，不到一个月就涨了一倍。20年后，股价约为原来的175倍。

麦当劳兄弟创立了麦当劳，最后却又失去了麦当劳。他们可以经营好一个店，却没有战略的眼光，看不到未来的趋势，所以经营了25年，一个店还是一个店，直到克罗克的出现，才把麦当劳打造成了一个王国。

目标大，就是空间大、时间长，也就是胸怀大志，有战略眼光；而小目标，一般只能解决眼前的问题。正所谓伟人心中有志向，凡人心中有愿望。

目标愈高远，人的进步愈大

英国诗人华兹华斯说："高尚的目标能切实地保持，就是高尚的事业。"在大目标的指引下，人的生活就是干事业；在小目标限制中，人的生活仅是过日子。

古希腊哲学大师亚里士多德很尖刻地区分了两种人，即"吃饭为了活着"和"活着就是为了吃饭"。一个人之所以伟大，首先是因为他有伟大的目标。

三国时天下纷乱，群雄并起，逐鹿中原。当初有实力竞"标"的主要是这几个：曹操、刘备、孙权、袁绍、刘表。

曹操的"标的"是：一统天下，坐领江山。他自称"胸怀大志，腹有良谋，有包藏宇宙之机，吞吐天地之志"。

刘备的"标的"是：上报国家，下安黎庶。他在三顾茅庐时对诸葛亮说："汉室倾颓，奸臣窃命，备不量力，欲伸大义于天下。"志向比曹操略差些，但也算得上盖世英雄。

孙权属"继承父兄遗产"而得国，但也不是泛泛之辈。在位期间，东吴国力强盛，士民富庶，足与魏、蜀鼎立，偏安江东。反观河北袁绍就差多了。袁本身出自四世三公，起点高，名声大，拥数十万之众，谋臣无数，战将如云，也曾有兴汉灭贼之志，但徒有虚名，属"干大事而惜身，见小利而忘命"之辈，被称为"羊质虎皮"、"凤毛鸡胆"，为后世唾笑。还有刘表，领荆襄之地，地沃利广，豪杰众多，但胸无大志、目光短浅，甘为井底之蛙，本有进取中原的绝好机遇，但他却以"吾坐据九郡足矣，岂可别图"而自足。"江山如画，一时多少豪杰"。这其中，以曹操的目标最远大，当然是曹操"中标"。正如史官赞诗所言："曹公原有高光志，赢得山河付子孙。"

然而，这些历史上的帝王将相、英雄豪杰，在毛泽东眼里都算不上最成功的，"昔秦皇汉武，略输文彩；唐宗宋祖，稍逊风骚；一代天骄成吉思汗，只识弯弓射大雕。俱往矣。数风流人物，还看今朝。"

毛泽东青少年时代，便具有以天下为己任的远大抱负。"天下者，我们的天下；国家者，我们的国家；社会者，我们的社会。我们不说，谁说？我们不干，谁干？""我们青年人的责任真是重大，我们应该做的事情真多，要走的路真长。……我就决心要为全中国痛苦的人、全世界痛苦的人贡献自己的力量。"在毛泽东看来，最成功者，应当是君师合一、德业俱全的人。中国的历史证明，帝王者，无论有多大本领，也只能建功立业于当代，死后难免江山易主；圣贤者，虽可以依靠精神主宰千秋万代，死后成为"万世师表"，但又极少成就功业。为此，既要建功立业于当代，又要传精神于万代千秋。"建功立业要与万世师表结合起来！"毛泽东有着超越无数历史风流人物的伟大理想。

当然，以上所举，都是"极端的"、"个别的"例子。但是，对常人而言，目标远大一些，对成功有益无害。

一个想当元帅的士兵，不一定就能当上元帅；但一个不想当元帅的士兵，则永远不可能当上元帅。

高尔基说："目标愈高远，人的进步愈大。"我们都有这样的体会：如果确定只走10公里路程，走到七八公里处便会因松懈而感到很累，因为目标快到了；但如果要求走20公里，那么，在七八公里处正是斗志昂扬之时。又比如射箭，有经验的射手都知道，要想射中靶心，决不能瞄准靶心，而要瞄准靶心以上的位置。这就是"取法于上,仅得其中;取法于中,仅得其下"的道理。

远大的目标产生远见

有一位哲学家到一个建筑工地分别问3个正在砌筑的工人说:"你在干什么?"

第一个工人头也不抬地说:"我在砌砖。"

第二个工人抬了抬头说:"我在砌一堵墙。"

第三个工人热情洋溢、满怀憧憬地说:"我在建一座教堂!"

听完回答,哲学家马上就判断了这三人的未来:第一个心中眼中只有砖,可以肯定,他一辈子能把砖砌好,就很不错了;第二个眼中有墙,心中有墙,好好干或许能当一位工长、技术员;唯有第三位,必有大出息,因为他有"远见",他的心中有一座殿堂。

没有远见的人只看到眼前的、摸得着的手边的东西,而有远见的人心中装着整个世界。世界上最贫穷的人并非是身无分文的人,而是没有远见的人。只有看到别人看不见的事物,才能做到别人做不到的事情。远见,是看到并非摆在眼前的东西的能力,是看到别人未看到的重大意义的能力,是看到机会的能力。

作家乔治·巴纳说:"远见是在心中浮现的将来的事物可能或者应该是什么样子的图画。"远见就是看清自己的远大目标,找到属于自己的愿望:我要飞多高? 我要飞多远? 我要飞到哪里去? 我为什么能到? 我怎样才能到?

目标越远大,意志才会越坚强。

34岁的美国妇女弗罗纶丝·查德威克是横渡英吉利海峡的第一位女性。完成这项壮举之后,她决定向另一距离更远的海峡卡塔林纳海峡挑战,即从加利福尼亚海岸以西21英里的卡塔林纳岛游向加州海岸。要是成功了,她就是第一个游过这个海峡的女性。1952年7月4日清晨,加利福尼亚西海岸及附近的太平洋洋面,笼罩在浓雾中。那天早晨,海水冻得她身体发麻,雾很大,她几乎看不到护送船。她一个人在海里坚定地游着,千万人在电视上看着。时间一点点过去,已经15个小时了,她仍然在游。在以往这类渡海游泳中，最大问题不是疲劳，而是刺骨的水温。终于，她感到又累又冷，她知道自己不能再游了，就请求拉她上船。随船的教练及她的母亲都告诉她海岸很近了，不要放弃。但她朝加州海岸望去，浓雾弥漫，什么也看不到！

最后，在她的再三请求下(从她出发算起15小时55分之后)人们把她拉上了船，此时，她离加州海岸只有半英里！后来她总结道，令她半途而废的不是疲劳，也不是寒冷，而是因为在浓雾中看不到目标。

"说实在的，"她对记者说，"我不是为自己找借口，如果当时我看见陆地，也许就能坚持下来。"迷茫的目标，动摇了她的信念。

两个月后，她再次尝试并成功地游过了这个海峡，她仍然是游过卡塔林纳海峡的第一位女性，且比男子的纪录快了大约两小时。这次，她有了非常清晰的目标。

商界巨子J·C·宾尼说："一个心中有目标的普通职员，会成为创造历史的人；而一个心中没有目标的人，只能是一个普通职员。"

2. 有了目标，内心的坚持才会找到方向

每个人看起来总是忙碌不堪，但是当被问到为何而忙时，大多数人除了一问三摇头之外，唯一可能的回答就是："瞎忙！"

法国科学家约翰·法伯曾做过一个著名的"毛毛虫实验"。这种毛毛虫有一种"跟随者"的习性，总是盲目地跟着前面的毛毛虫走。法伯把若干个毛毛虫放在一只花盆的边缘，首尾相接，围成一圈，花盆周围撒了一些毛毛虫喜欢吃的松针。毛毛虫开始一个跟一个，绕着花盆，一圈又一圈地走。一个小时过去了，一天过去了，毛毛虫们还在不停地、坚韧地团团转。一连走了七天七夜，毛毛虫终因饥饿和精疲力尽而死去。

这期间，只要任何一只毛毛虫稍稍与众不同，便立时会过上更好的生活(吃松叶)。人又何尝不是如此，随大流，绕圈子，瞎忙空耗，终其一生。一幕幕

"悲剧"的根源，皆因缺乏自己的人生目标。古希腊彼得斯说："须有人生的目标，否则精力全属浪费。"古罗马小塞涅卡说："有些人活着没有任何目标，他们在世间行走，就像河中一棵小草，他们不是行走，而是随波逐流。"

卡耐基曾对世界上一万个不同种族、年龄与性别的人进行过一次关于人生目标的调查。他发现，只有3%的人能够确定目标，并知道怎样把目标落实；而另外97%的人，要么根本没有目标，要么目标不确定，要么不知道怎样去实现目标……10年之后，他对上述对象又进行了一次调查，结果令人吃惊：调查样本总量的5%找不到了，95%的人还在；属于原来那97%范围内的人，除了年龄增长10岁以外，在生活、工作、个人成就上几乎没有太大的起色，还是那么普通和平庸；而那原来与众不同的3%，却在各自的领域里都取得了成功。

人生在世，最紧要的不是我们所处的位置，而是我们活动的方向。何时、何地以何种方式开始我们的一生，是无法选择的，我们一生下来就处在一种身不由己的环境中。但随着年龄的增长，我们的选择会越来越多。我们可以选择居处、婚姻、工作、朋友，可以选择人生的方向。作出越多的人生选择，就越应该为自己的处境负责。

坚持目标，才会感到充实和快乐

20世纪80年代，美国哈佛的两位心理学家做过一项关于"幸福"的研究，研究对象是一些自称幸福的人。结果，幸福的人们的共同之处，不是财富，不是爱情，也不是健康。他们只有两点是共同的：第一，明确地知道自己的生活目标；第二，感受到自己正在稳步地向目标前进。

出租车最危险是在什么时候？答案是没有乘客的时候。因为，有乘客的时候，司机有目标，他会全神贯注地驾驶，同时想方设法地尽快到达目的地；而没有乘客的时候，他是盲目的，走到十字路口左转右转犹豫不定，同时左顾右盼，使精力分散。一句英国谚语说得好："对一艘盲目航行的船来说，任何方向的风都是逆风。"目标是我们行动的依据，没有目标，我们的热忱便无的放矢、无处依归。有目标，才有斗志，才能开发我们的潜能。

就像一位跳高运动员,如果他的前面不放一根横杆,让他漫无目的自由地跳高,可以肯定,他永远也跳不出好成绩。正确的方法是,在他面前设定目标,放置一根横杆约束他,让他不断地超越。到时就会有这样的情况:在一定范围内,横杆越高,跳得就越高;横杆很低时,他却跳不起来,因为没有目标(横杆很低)时,会产生强烈的"失落"感。这又很像物理学的一条原理:没有参照物,运动或静止都没有意义。

有一年,一支英国探险队进入了撒哈拉沙漠的某个地区。在茫茫的沙海里负重跋涉,阳光下,漫天飞舞的风沙像炒红的铁砂一般,扑打着探险队员的面孔。他们口渴似炙,心急如焚——大家的水都喝光了。这时,探险队长拿出一只水壶,说:"这里还有一壶水。但穿越沙漠前,谁也不能喝。"一壶水,成了他们穿越沙漠的信念,成了求生的寄托目标。水壶在队员手中传递,那沉甸甸的感觉使队员们濒临绝望的脸上又显露出了坚定的神色。终于,探险队顽强地走出了沙漠,挣脱了死神之手。大家喜极而泣,用颤抖的手拧开了那壶支撑他们精神和信念的水——缓缓流出来的,却是满满的一壶沙子!

"二战"期间,从奥斯维辛集中营活下来的人不到5%。据身临其境的犹太裔心理学家弗兰克观察研究,幸存者几乎毫无例外,都是深知生命的积极意义的人。他们顽强地活下来的主要原因就是他们心里都有一个明确的目标——"要做的事还没有做完","活着与爱的人重逢"。

只有知道明天干什么,今天活着才有意义。有目标,生活才能处于追索的状态,才会感到充实、感到快乐。

伟大的目标,构成伟大的坚持

心理学家曾经做过这样一个实验:

组织3组人,让他们分别向着10公里以外的3个村子进发。

第一组的人既不知道村庄的名字,也不知道路程有多远,只知道跟着向导走就行了。刚走出两三公里,就开始有人叫苦;走到一半的时候,有人几乎愤怒了,他们抱怨为什么要走这么远,何时才能走到头,有人甚至坐在路边不愿走了。越往后走，他们的情绪就越低落。

第二组的人知道村庄的名字和路程有多远，但路边没有里程碑，只能凭经验来估计行程的时间和距离。走到一半的时候，大多数人都想知道已经走了多远。比较有经验的人说："大概走了一半的路程。"于是，大家又簇拥着继续向前走。当走到全程的3/4的时候，大家的情绪开始低落，觉得疲惫不堪，而路程似乎还有很长。当有人说："快到了！快到了！"大家又振作了起来，加快了行进的步伐。

第三组人不仅知道村子的名字、路程，而且公路旁每一公里就有一块里程碑。人们边走边看里程碑，每缩短一公里，大家便有一小阵的快乐。行进中，他们用歌声和笑声来消除疲劳，情绪一直很高涨，所以很快就到达了目的地。

心理学家得出了这样的结论：当人们的行动有了明确目标的时候，他们能把自己的行动与目标不断地加以对照，进而清楚地知道自己的行进速度和与目标之间的距离。如此一来，人们行动的动机就会得到维持和加强，并自觉地克服一切困难，努力达到目标。

这使人联想到罗斯福总统夫人与萨尔洛夫将军的一次对话。

罗斯福总统的夫人在本宁顿学院念书的时候，打算在电讯业找一份工作，以补助生活。她的父亲为她引见了自己的一个好朋友——当时担任美国无线电公司董事长的萨尔洛夫将军。

将军热情地接待了她，并认真地问："想做哪一份工作？"

她回答说："随便吧。"

将军神情严肃地对她说："没有任何一类工作叫'随便'。"

片刻之后，将军目光逼人，以长辈的口吻提醒她说："成功的道路是目标铺出来的。"

如果人生没有目标，就好比在黑暗中远征。人生要有目标，一辈子的目标，一个时期的目标，一个阶段的目标，一个年度的目标，一个月份的目标，一个星期的目标，一天的目标……一个人追求的目标越崇高，他进步得就越快，对社会也就越有益。

如果将心理学家的结论用哲人的语言来表达，那就是："伟大的目标构成伟大的心灵，伟大的目标产生伟大的动力，伟大的目标形成伟大的人物。"当我们心中有了一幅大目标的宏图，我们就能从一个成就走向另一个成就，得到一个又一个快乐。

传说，大唐贞观年间，在长安城西的一家磨坊里有一匹马和一头驴，它们是好朋友，经常在一起谈心。马负责为主人拉车运货，驴的工作是在屋里推磨。贞观四年，这匹马被玄奘大师选中，动身去天竺国大雷音寺取三藏真经。

13年后，这匹马跟着大师历经千辛万苦，驮着佛经回到长安。大师受到了重赏，而马也被人们精心打扮了一番，它与大师形影不离，跟随大师去全国各地讲经。不久，朋友见面，马跟驴谈起了旅途的经历：浩瀚无边的沙漠、高入云霄的峻岭、火焰山的热浪、流沙河的黑水……驴听着神话般的故事，大为惊异。

驴惊叹地说："马大哥，你的知识多么丰富呀！那么遥远的路程，那种神奇的景色，我连想都不敢想。"

马思索了一下，感叹道："老弟，其实这几年来，我们走过的路程是差不多的。"

驴不理解："哪里？我的确一点儿见识都没有长！"

马说："你想，我在往西域走的时候，你不是一天也没有停止过拉磨吗？不同的是，我同玄奘大师有一个遥远而明确的目标，始终按照一贯的方向前进，所以我们开阔了眼界；而你却被人蒙住了眼睛，一直围着磨盘打转，所以总也无法走出这个狭隘的天地。"

这个故事告诉人们，没有大目标的人，无论在生活中，还是在事业上，都容易随波逐流。相反，如果你追求的是大目标，你就不会满足于现状，你会奋斗不息、追求不止，坚持到底！

3. 成功的人生就是一个好的目标体系

德州石油巨富亨特，从一个濒临破产的棉农成了一名亿万富翁。当有人向他询问，有什么建议可以给那些想在财务方面取得成功的人们时，他说只有两件。"首先，你必须确切地决定你想实现什么。大多数人在一生中都不曾这样做过。其次，你必须确定自己为此要付出什么代价，并决心付出。"

清楚的目标是根本

清楚的目标和目的是任何事业成功的根本，在创建你自己的事业时也毫无例外。如果你不花时间去弄清你设法完成的究竟是什么，那你将注定永远只能把生命耗费在那些别人也在做的事情上。生活如果没有清楚的方向，你要么会漫无目的地兜圈子，要么就经营一份连自己都不喜欢的事业。你也许能赚些钱，做些有趣的工作，但最后的结果绝不会等同于你有意识地决定后才创办事业所能得到的成就。最终你会沮丧，也许你一路上曾在哪里上错了道。

设定目标是如此重要，但为何肯花时间来确定自己想去哪里的人却如此之少呢？

部分原因是缺乏如何设立清晰目标的知识。你可能上过许多年学，但却从来不曾接受过如何设定目标的任何指导，人们也普遍缺乏对建立清晰目标的重要性的理解。而那些确实了解自己想要什么的人，在很大程度上比其他人做得要好得多。

阻碍设定目标的一个常见原因是害怕犯错。但实际上，无论设定什么目标，都比漫无目的地到处漂浮好。如果你不知道自己正往哪里去，那度过的每一天都是一个错误。你很可能浪费了自己的大多数时间去追求别人的目标，被你"资助"的那些当地的快餐店、电视广告和公司股东对此可都窃喜不已呢。

(1)定义一个二元的目标。

很多人认为，一旦他们有了方向，就等于有了目标。其实根本不是这么回事，这只会造成前进的幻想。"赚更多钱"和"开创一项事业"并非目标。

目标是一种明确地、清晰地定义了的可测量的陈述。方向与目标的区别，正如指南针所指的东北方与法国埃菲尔铁塔的最高点之间的区别。一个只是方向，另一个却是明确的位置。

目标的一个重要方面就是，它们必须是以二元定义的。在任何时刻，如果问你是否达成了你的目标，你必须能够给出一个确定的"是"或"否"的回答，"可能"不能成为选项。

关于清晰的目标的一个例子就是：你今年6月份的总收入是3万元或更多？

这是你可以计算清楚的，然后在月底，你就能对是否达成了目标给出确切的"是"或"否"的答案。

这就是构成一个目标所需要的清晰的层次，如此，你的头脑才能锁定其上，并快速前进。

(2)细节化。

设定目标时应尽可能细节化，定下明确的数字、日期和时间，确保每个目标都是可测量的。定义你的目标，就好像你已知道将会发生什么一样。有人说，预测未来的最好方法就是创造它。

(3)把目标写下来。

目标必须用一种积极的、现在时的、个人肯定的形式写下来。一个没写下来的目标不过是个白日梦而已。

要为你想要的事物设定目标，而不是那些你不想要的。你的潜意识只有在目标以积极形式被定义时才会锁定其上。假若你把注意力集中在你不想要的东西上，你很可能会被你想逃避的事物给纠缠住。

表达你的目标，就好像它们已经达成了一样。不说："我今年要存20万。"而要用现在时表达："我今年存了20万。"如果你用将来时表达目标，就等于告诉自己的潜意识把成果永远留在将来，而不是掌握在现在。

构建目标时要避免模糊不清的词语，比如"可能"、"应该"、"可以"、

"会"、"也许"或"或许"之类，这些词本身就包含着对于你是否能达成所追求目标的怀疑。

最后，让你的目标个性化。你不能为别人设立目标，比如："年底会有出版商再版我的书。"而要用这样的方式来表达："我今年跟南京一家出版商签了一份在年底至少会挣万元的合同。"

六步确定你的人生目标和制定达到目标的计划

你希望五年之后、十年之后，或者一年之后的今天自己在哪？这些都是你的目标。你不想一直呆在现在的位置，但明确你真正的目标是一件困难的事情。

很多人认为设定人生目标就是找一些遥遥无期的梦想，但永远不会实现。这被看成是只是预言如何实现自己的抱负，因为，第一，这些目标没有被足够详细地定义；第二，它始终只是一个目标，而没有相应的行动。

定义目标是一件需要花费很多时间仔细考虑的事情。下面的步骤可以让你开始这样的旅程：

(1)写出一个你的人生目标的清单。

人生目标是一件重要的事，换句话说，就是你的人生抱负。不过，抱负听起来总像一种超出你可控范围的事情，而人生目标是只要你愿意投入精力去做，就可能达到的。因此，你这一生真正想要的是什么？什么是你真正想去完成的事情？什么事情如果你突然发现你不再有足够的时间去完成，会后悔不已？这些都是你的目标，把每个这样的目标用一句话写下来。如果其中任何目标只是达到另外一个目标的关键步骤，那就把它从清单中去掉，因为它不是你的人生目标。

(2)对于每一个目标，你需要设定一个你认为合适的时间框架。

这就是你的十年计划、五年计划，还有一年计划。其中一些目标可能会因为你的年龄、健康、经济状况等而出现"搁置期"，因为你需要花一些时间来达成这些用来完成目标的因素。

(3)把每个人生目标单独写在一张白纸的顶端。在每个目标下面写上你要完成这个目标所需要但是目前你又没有的资源。

这些东西可能是某种教育、职业生涯的改变、财务、新的技能等。任何一个你在第一步里面去掉的关键步骤，都可以在这一步中补上。如果任何一个目标下面还有子目标，都可以补上，以保证你的每一步都有精确的行动相对应。

(4)写下你要完成每一步所需要的行动。

这个可能是一个检查清单，是你可以完成你的目标的所有确切的步骤。

(5)在每一张目标表上写下你所要完成目标的年份。

对于那些没有确定年限的目标，考虑一下你想要在哪一年完成它并以此作为年限。检查整个时间框架，为你所需要完成的每一小步，写下你所需要完成的现实时间。

(6)现在检查你的整个人生目标，然后定一个你这周、这个月和今年的时间进度表，以便你可以按照预定的路程去完成目标。

把所有的目标完成时间点写在你的进度表上，这样你对要完成的事情就有了一个确定的时间。在一年的结尾，回顾你在这一年里面所做的，划掉你在这一年已经完成的，写下你在下一年所要去完成的。

可能你需要花很多年的时间去，比如说，完成一次职位提升，因为你先要去找一份兼职工作以保证你可以获得更多的钱供你去上完一个在职课程以拿到MBA学位，但你最终会达到你的目标，因为你不但计划好了你要得到什么，也计划好了要如何去得到，在得到之前你要做哪些步骤。

制定一个伟大的、并且能持续坚持的目标

我们是否总能制定一个伟大的、并且能持续坚持的目标？为什么你制定了目标却仍然失败？也许失败已经让你觉得设定目标毫无用处，可是真的如此吗？你有静下来想想为什么你的目标会失败呢？

你很可能犯下了以下一些错误：

(1)太多的长期、中期目标。

你是否设定了太多的目标，并且天真地希望自己全部都能一一实现。这不是不可能，但更多的目标意味着精力的分散，特别是当你拥有太多的长期目标和中期目标时。

学习一门新技能、减肥20公斤等，这些都需要花费几个月才可能达到。如果你设定了太多诸如此类的大目标，你就会被牵着走，反而又变成没有目的性了。所以，建议你只留2~3个长期、中期目标，通过将大目标分解为若干个小目标，落实到具体的每天、每周的任务上。

（2）不明确个人的目标。

你为什么要设定这个计划？达到这个计划的目标对你意味着什么？当你达到目标后你会有什么感觉？如果你对这些问题都还不是很清楚，说明今年你还不是特别急切地希望达到这些目标。

一个明确的目标，即使面对艰难和挑战，你仍然急切地想要竭尽所能来达到它。所以，你需要十分透彻地明白你制定的目标对你的意义。否则，你只会很容易忘记它，并且很难会有进展。

（3）不把它们写下来。

想要记住并且开始执行自己的目标，最好的办法就是写下来！描述你的目标是什么，你要怎样达到它。

将目标写下来，可以梳理你含糊不清、条例不顺的想法。记住，只有明确的目标才能保证你的成功，而明确的目标不会轻松地用脑袋想想就能全部明白。所以，花点时间，坐下来仔细写下来。

（4）不能每天都看到自己的目标。

人类是健忘的动物，即使你将目标写了下来，你还是会忘记。让自己深深记住，潜意识里不断提醒自己的最好的方法就是"重复"——让你天天都可以看到自己的目标。

你可以把自己的目标放在每天可以看到的地方，如：写在记事本里，通过电脑提醒，等等。

（5）不去定期回顾自己的目标。

我想你已经知道回顾的重要性了。定期回顾可以帮助你确定自己是否在朝着目标前进，有没有取得预期的成功。

就像飞行员驾驶飞机时，需要定时检查和修正飞行的航线，定期回顾可以使你发现目标和计划中出现的问题，并且找出其中的解决办法。

(6)只有自己知道目标是什么。

将你的目标告诉别人，因为你需要一点压力。也许你害怕对别人作出承诺，但是将自己的目标告诉别人能够迫使你对自己的目标负责。

如果你感到别扭，那就告诉亲人和朋友，保证一定要完成目标，并且让他们监督你。如果你还在乎自己在他们心中的优秀形象，那就赶快执行目标吧。

(7)得不到别人的支持。

一个好汉三个帮，去取得目标不意味着你是一个独行侠。相反，你需要家人、朋友的支持。

例如：如果你打算减肥，但是你的家人却每天吃快餐，这绝对不会对你有帮助；如果你想培养早起的习惯，室友却每天睡懒觉，你最好也把他拉进计划。向你周围的人谈谈你的目标和计划，要求他们给你提供支持，不管是精神上的还是物质上的。

"跳一跳，够得着"，目标要有弹性的高度

要想成功，就得制定一个奋斗目标。但是，目标并不是不切实际地越高越好。每个人都有自己的特点，有别人无法模仿的一些优势，只有好好地利用这些特点和优势去制订适合自己的高目标和实施目标的步骤，你才可能取得成功。对每个人来说，在实施目标时，只有当每个步骤既是未来指向的，又是富有挑战性的时候，它才是最有效的。

大多数人可能都有过打篮球的经历，也都知道与踢足球相比，打篮球投进一个球比踢足球进一个球要容易很多。你想过其中的原因没有？

其实，这与篮球架的高度有关。要是把篮球架做两层楼那样高，进球可就没那么容易了；反过来，要是篮球架只有一个普通人那么高，进球倒是容易了，但你还会去玩它吗？正是因为篮球架有一个跳一跳就够得着的高度，才使得篮球成为了一个世界性的体育项目。

它告诉我们，一个"跳一跳，够得着"的目标最有吸引力。对于这样的目标，人们会以高度的热情去追求。因此，要想调动人的积极性，就应该设置

有着这种"高度"的目标。

我们可以为自己制定一个总的高目标,但同时也一定要制定一个更重要的实施目标的步骤,千万别想着一步登天。多为自己制定几个"篮球架子",然后一个个地去克服和战胜它,久而久之你就会发现,你已经站在了成功之巅。

俄国著名生物学家巴普洛夫临终前,有人向他请教如何取得成功,他的回答是:"要热忱,而且要慢慢来。"他解释说"慢慢来"有两层含义:做自己力所能及的事;在做事的过程中不断提高自己。也就是说,既要让人有机会体验到成功的欣慰,不至于望着高不可攀的"果子"而失望,又不要让人毫不费力地轻易摘到"果子"。"跳一跳,够得着",就是最好的目标。

对一个企业来说也是如此。鲁冠球创立万向集团时,想法很简单:改变一辈子当农民的命运,要当工人;20年后,万向的企业目标改成了"奋斗十年加个零"(即企业利润增长10倍)。柳传志创办联想时只有两个目的,用他自己的话,"一个是能养活自己,另一个是在当时的中科院没有事干,找个能干事的地方";当企业发展到一定程度时,这样的目标已不可能凝聚一批人,于是联想提出了新的做大做强的目标。

无论是万向还是联想,它们都在不同的发展阶段制定了一个"跳一跳,够得着"的弹性目标,并在这个过程中不断地做大做强。

古语云:千里之行,始于足下。要想实现自己的人生目标,或是实现企业的经营目标,我们都要有脚踏实地的苦干精神。而能长久保持你苦干热情的最好方法,就是为自己制定一系列的阶段性目标。要是这些都完成了,那么成功还会远吗?

4. 用有限的时间,争取获得更多的东西

时间是这个世界上唯一可以称得上完全公平的事物,因为每个人的每一天都是在相同的时间中度过的。我们要用有限的时间争取获得更多的东

西，这也是一些人获得成功的诀窍。

每个人都应该给自己算一笔时间账，自己在某方面花费了或即将花费多长时间，将获得什么样的收益。这种收益可以是快乐、金钱、名誉、自我价值等。

而很多年轻人在时间花费上的特点，往往是以得到享乐为目的。他们把大把的时间消费在享乐上，而忽视了其他应得到的。这种时间消费的失衡必然会影响他们今后的生活。

这些人其实是可悲的，他们眼睁睁地看着啤酒、游戏、小说、肥皂剧等强行换走自己的时间和青春，却不加以阻挡，还感觉"很酷""很刺激""很舒服"，等到了30多岁，发现同龄人用他们的青春时光换取到了大量的财富而自己却一无所有时，才后悔莫及；而当他们想奋起直追时，却发现自己已经不是原来那个精力旺盛的年轻人了，很多事做起来已经力不从心。

年轻，应该成为拼搏的资本，而不应该是懒惰的借口。年轻，是人生最灿烂的岁月，你可以骄傲地对所有人喊"我有青春我怕谁"。仗着自己年轻，还有大把的时间去打拼，不用急于一时，于是，你把玩乐放在了第一位。而挥霍之后却是流泪，因为你已后悔自己曾"年少轻狂"。没有人会永远年轻，青春时刻都在流失。

一个人如果年轻的时候没有为将来的生活留下点什么，那么他将来的日子一定会过得很艰难。

章明毕业后，几次应聘失败，一下子打消了他的热情，让他整个人变得沮丧了起来。后来，他索性把简历撕了，懒得再去找工作，在家看电影，玩游戏。

家人每次催他继续找工作，他总是说："急什么！我才刚毕业呢！"家人以为他压力太大，便不再催他。可是，两个月后，他仍然没有找工作的打算，整天在家玩游戏，变成了足不出户、名副其实的宅男。家人一再劝他说："玩物丧志，趁着刚出校门的一腔热情，找个工作吧！"他却总是敷衍了事。

这个时候，他迷上了"CS"（反恐精英游戏），玩得着了魔，除了眼前的敌人和建筑，他什么也看不见、听不见。每当家人催他，他要么充耳不闻，要么不耐烦地反驳道："现在不缺吃、不缺喝，担心什么？等我挣了钱，会偿还你们的。"

为了逃避父母的追问，章明搬出了一大堆的书籍，摆明了不找工作，决定考研。虽然他偶尔也看看书，但更多的时候，却是跟朋友们一起交流游戏心得、喝酒、打牌、看电影。

后来，他觉得考研实在太难，便放弃了。日子一天天地流失，他已经习惯了跟朋友一起玩。期间，他交了两个女朋友，但两人都不明不白地离开了他。他父亲实在着急，便托人给他找了个临时的差事，他这才勉强有了份工作。

几年后的一次同学聚会让章明顿时醒悟了过来。这几年时间，大家的变化都很大。以前那个老跟他一起玩的李平是最让人刮目相看的，现在居然在深圳安家立业了；那个带着800度近视眼镜的王强，居然进了公务员的队伍；就连那个最不爱说话，还经常被自己取笑是"胆小鬼"的赵冰，也在谈着跟人合作做生意的事情。

原来，只有自己还在原地打转。在同学们面前，章明感到极其自卑。原来的他并不是这样的，几年的时间里，怎么就变得谁都不如了呢？即使他奋起直追，前面消耗掉的几年时间显然也追不回来了，他需要用更多的精力和血汗才能争取到别人几年前就获得的东西。因为他失去时光的同时，还失去了其他宝贵的东西——他的热情、意志、专业知识，更糟糕的是，这期间他还养成了懒惰的坏习惯。

时间就是一切，它能让我们获得一切，也能让我们失去一切。

看来，我们放走时间的同时，也放弃了成功的有利条件。

华罗庚说过："成功的人无一不是利用时间的能手！"

很多人之所以成功，是因为他们抓住了这个条件，不仅懂得珍惜时间，而且知道如何管理时间。他们把别人用来喝咖啡、闲逛的时间投入到了工作中，把别人用来玩游戏、看小说的时间用在了思考上。

所以，我们要学会利用时间。

时间管理十二项法则

一、明确目标

如果能过"洞中方七日，世上已千年"的神仙日子，那我们就用不着时间管理了，我们有用不完的时间。但事实上不可能，年华老去，便无法回头。我们只能尽己之力，做最佳的表现，方能不负人生在世仅一次，天生我材必有用。这就是我们要有人生目标及目标体系。目标能最大限度地聚集你的资源（包括时间），只有目标明确，才能最大限度地节约时间。爱默生说："用于事业上的时间，绝不是损失。"人生的道路，存在着时间与价值的对应关系。有目标，一分一秒都是成功的记录；没有目标，一分一秒都是生命的流逝。

二、分清轻重缓急，始终做最重要的事情。

人们总是根据事情的紧迫感，而不是事情的优先程度来安排先后顺序，这样的做法是被动而非主动，成功人士不能这样工作。

时间管理的精髓在于：分清轻重缓急，设定优先顺序。成功人士都是以分清主次的办法来统筹时间的，他们把时间用在了最有"生产力"的地方。

面对每天大大小小、纷繁复杂的事情，如何分清主次，把时间用在最有生产力的地方，有三个判断标准：

（1）我必须做什么？

这有两层意思：是否必须做，是否必须由我做。非做不可，但并非一定要你亲自做的事情，可以委派别人去做，你只需负责督促。

（2）什么能给我最高回报？

应该用80%的时间做能带来最高回报的事情，用20%的时间做其他事情。所谓"最高回报"的事情，即是符合"目标要求"或自己会比别人干得更高效的事情。最高回报的地方，也就是最有生产力的地方，这要求我们必须辩证地看待"勤奋"。"业精于勤而荒于嬉"，勤，在不同的时代有其不同的内容和要求。过去，人们将"三更灯火五更鸡"的孜孜不倦视为勤奋的标准；但在快节奏效率的信息时代，勤奋需要新的定义，勤要勤在点子上（最有生产力的地方），这就是当今时代"勤"的特点。前些年，日本大多数企业家还把下班后加班加点的人视为最好的员工，如今却不一定了。他们认为，一个员工靠加班加点来完成工作，说明他很可能不具备在规定时间内完成任务的能力，工作效率低下。社会只承认有效劳动，勤奋已经不是时间长的代名词,而是在最少的时间内完成最多的目标。伟大的苏格拉底说:"当许多人在一条路上徘徊不前时,他们不得不让路,让那些珍惜时间的人赶到他们的前面去。"

(3)什么能给我最大的满足感?

最高回报的事情,并非都能给自己最大的满足感,均衡才有和谐满足。因此,无论你地位如何,总需要分配时间给令人满足和快乐的事情,唯有如此,工作才是有趣的,并保持工作的热情。

通过以上"三层过滤",事情的轻重缓急已经很清楚了,然后,以重要性优先排序(注意,人们总有不按重要性顺序办事的倾向),并坚持按这个原则去做,你将会发现,再没有其他办法比按重要性办事更能有效利用时间了。

美国伯利恒钢铁公司总裁查斯·舒瓦普向效率专家艾维·利请教"如何更好地执行计划"的方法。艾维·利声称可以在10分种内就给舒瓦普一样东西,这东西能把他公司的业绩提高50%,然后他递给舒瓦普一张空白纸,说:"请在这张纸上写下你明天要做的6件最重要的事。"舒瓦普用了5分钟写完。艾维·利接着说:"现在用数字标明每件事情对于你和你的公司的重要性次序。"这又花了5分钟。艾维·利说:"好了,把这张纸放进口袋,明天早上,第一件事情是把纸条拿出来,做第一项最重要的。不要看其他的,只是第一项,着手办第一件事,直至完成为止。然后用同样的方法对待第二项、第三项……直到你下班为止。如果只做完了第一件事,没关系,你总是在做最重要的事情。"

艾维·利最后说:"每一天都要这样做——您刚才看见了,只用10分钟时间——你对这种方法的价值深信不疑之后,叫你公司的人也这样干。这个试验你爱做多久就做多久,然后给我寄支票来,你认为值多少就给我多少。"一个月之后,舒瓦普给艾维·利寄去了一张2.5万美元的支票,还有一封信。信上说:"那是我一生中最有价值的一课。"5年之后,这个当年不为人知的小钢铁厂一跃成为世界上最大的独立钢铁厂。

对此,人们普遍认为,艾维·利提出的方法功不可没。

三、制订计划,写成清单

要相信笔记，不相信记忆，养成"凡事预则立"的习惯。马丽凯说："每晚写下次日必须办理的6件要务。挑出当务之急，便能照表行事，不至于浪费时间在无谓的事情上。"不要订"进度表"，要列"工作表"；事务要明确具体，比较大或长期的工作要拆散开来，分成几个小事项。

四、遇事马上做，现在就做

这是为了克服拖延的心态。能拖就拖的人心情总不愉快，总觉疲乏，因为应做而未做的工作不断给他带来压迫感。"若无闲事挂心头，便是人间好时节"，拖延者心头不空，因而常感时间压力。拖延并不能省下时间和精力，刚好相反，它使你心力交瘁，疲于奔命，不仅于事无补，反而会白白浪费宝贵时间。哲学家塞涅卡说："时间的最大损失是拖延、期待和依赖将来。"

拖延的恶习，说穿了是为了暂时解脱内心深处的恐惧感。首先，恐惧失败。似乎凡事拖一下，就不会立刻面对失败，而且还可以自我安慰：我会做成的，只是现在还没有准备好。同时，拖延能为失败留下台阶，拖到最后一刻，即使做不好，也有借口说，在如此短的时间内能有如此表现已经很不错了。其次，恐惧不如人。拖到最后，能不做便不做，既消除了做不好低人一等的恐惧，还满足了虚荣心，告诉别人，换成是我的话，做得肯定比他们好。

因此，养成遇事马上做、现在就做的习惯，不仅能克服拖延，而且能占"笨鸟先飞"的先机。久而久之，必然培育出当机立断的大智大勇。如斐乐特所说："利用寸阴，是在任何种类的战斗中博得胜利的秘诀。"早起的鸟儿先得食，捷足必然先登。"人并不是因为跑得不快而赶不上火车，而是因为出发晚了才赶不上的。"所以，现在就做，马上就做。

五、第一次做好，次次做好

要100%认真地工作、全心地工作。第一次没做好，浪费的不仅是第一次的时间，还有以后的时机。返工的浪费是最冤的。

六、专心致志，不要有头无尾

上班时浪费时间最多的是时断时续的干活方式。不只是停顿下来本身费时，而且重新工作时，也需要花时间调整情绪、思路和状态，才能在停顿的地方接下去干。而有头无尾，更是明显的浪费。

七、珍惜今天，当日事当日毕

爱默生说："我们应当记住，一年中每一天都是珍贵的时光。"清人文嘉有著名的《明日歌》和《今日歌》。《今日歌》唱道："今日复今日，今日何其少！今日又不为，此事何时了？人生百年几今日，今日不为真可惜！若言姑待明朝至，明朝又有明朝事。为君聊赋《今日诗》，努力请从今日始。"每天都有目标、有结果，日清日新，今日不清，必然积累，积累就会拖延，拖延必将导致堕落、颓废。康纳勒普说："今天事，今天做。太阳决不会为你而再升。"陶渊明诗曰："盛年不重来，一日难再晨，及时当勉励，岁月不待人。"要有好的明天，请从今天开始。

八、养成整洁和条理的习惯

据统计，一般公司职员每年要把6周时间浪费在寻找乱堆乱放的东西上面。这意味着，因不整洁和无条理的习惯，我们每年会损失近20%的时间！养成条理的习惯，还有另一层意思，就是寻找自己的"生理节奏。"中国剑谱上有"知拍任君斗"的秘诀，只有按自己的节奏方法，才能取得主动。所谓"生理节奏"，就是了解你在一月、一天当中，什么时候精力最充沛、脑子最清爽。就像心理学上把人分为"百灵鸟型"和"猫头鹰型"一样，"百灵鸟"是早晨最活跃，而"猫头鹰"则是夜晚更来劲。要用精力最好的时间来做最好、更重大的事，而用精力不好的时间来做较不重要的事情，这样才能体现真正的品质和高效，保持能量，节省体力，节约时间。每个人都有自己的生理节奏，符合它便事半功倍，否则必然事倍功半。

九、养成快速的节奏感

克服做事缓慢的习惯，调整你的步伐和行动。养成快速的节奏，不仅能提高效率、节约时间，给人以良好的作风印象，也是健康的表现。日本人就把"快食"、"快便"、"快睡"、"快行"、"快思"、"快说"的"六快"之人，称为"人中之杰"。

十、设定完成期限

有期限才有紧迫感，也才能珍惜时间。设定期限，是时间管理的重要标志。

十一、善用零碎时间

争取时间的唯一方法是善用时间。把零碎时间用来从事零碎的工作，从而最大限度地提高工作效率。比如，在车上时，在等待时，可用于学习、思考、简短地计划下一个行动等。充分利用零碎时间，短期内也许没有什么明显的感觉，但长年累月，将会有惊人的成效。达尔文说："我从来不认为半小时是微不足道的很小的一段时间。完成工作的方法，是爱惜每一分钟。"为后世留下诸多锦绣文章的宋代文学家欧阳修认定："余平生所做文章，多在三上：马上、枕上、厕上。"看来，零碎的时间实在是成就大事业的。三国时，董遇读书的方法是"三余"："冬者岁之余；夜者日之余；阴雨者晴之余。"即要充分利用别人在寒冬、深夜和雨天歇手之时发奋苦学，并认为"三余广学，百战雄才"。而鲁迅先生，则"把别人用来喝咖啡的时间都用在了写作上"。

没有利用不了的时间，只有自己不利用的时间。鲁迅先生说："时间就像海绵里的水，只要你去挤，它总是有的。"有一个实验，很好地说明了这个观念——老师向一个瓶子里装小石子，装满后问学生："满了吗？""满了！"同学们异口同声地回答。然后老师向瓶里装沙，仍可以装进去。众同学愕然。沙装满后，老师又问："满了吗？""满了！"同学们回答道。接着，老师又向装满石子和沙子的瓶里灌水……莫泊桑提醒我们说："世界上真不知有多少可以建功立业的人，只因为把难得的时间轻轻放过而默默无闻。"滴水成河，用"分"来计算时间的人，比用"时"来计算时间的人，时间多59倍。

十二、分秒不浪费，成功日志法

几乎所有的伟人都有把想法记录下来的习惯。日志是成功者必备的条件，他们用日志来记录当天的重要事件和成长学习心得，用日志来总结经验、反省过失，用日志来规划明天、明确目标，用日志来管理时间、集中精力、抓住大事……记日志就是在善用生命，设计生命。

战胜拖延，合理利用时间

许多事情，总是拖延就来不及了。

我们总是在为自己的拖延和懈怠寻找理由，总是有本事把自己的行为无原则地合理化，却不曾想到，光阴就是这么溜走的，机会就是这么跑掉的。而青春，经常是没等我们为它写好一篇悼词就已经绝尘而去。所以说，拖延是生命的头号窃贼。

我们常常因为拖延时间而心生悔意，然而下一次又会惯性地拖延下去。几次三番之后，我们竟视这种恶习为平常之事，以致漠视了它对工作的危害。

无论是公司还是个人，没有在关键时刻及时做出决定或行动，而让事情拖延下去，都会给自身带来严重的伤害。那些经常说"唉，这件事情很烦人，还有其他的事等着做，先做其他的事情吧"的人，总是奢望随着时间的流逝，难题会自动消失或有另外的人解决它，须知，这不过是自欺欺人。不论他们用多少方法来逃避责任，该做的事还是得做。而拖延则是一种相当累人的折磨，随着完成期限的迫近，工作的压力反而会与日俱增，这会让人觉得更加疲惫不堪。

拖延的原因有很多，也不是一时半刻就能解决掉的问题，所以，如何分解、对抗这些压力显得尤为重要。如若不然，很可能你还没从拖延的泥沼中脱身，就被庞大的压力整垮了。

学会下面十招，一定可以变压力为动力，消压力于无形，进而改善拖延症。

第一步：精神超越——价值观和人生定位

自我的人生价值和角色定位、人生主要目标的设定等，简单的说就是：你准备做一个什么样的人，你的人生准备达成哪些目标。这些看似与具体压力无关的东西，对我们的影响却十分巨大，对很多压力的反思最后往往都要归结到这个方面。卡耐基说："我非常相信，这是获得心理平静的最大秘密之一——要有正确的价值观念。而我也相信，只要我们能定出一种个人的标准来——就是和我们的生活比起来，什么样的事情才值得的标准，我们的忧虑有50%可以立刻消除。"

第二步：心态调整——以积极乐观的心态拥抱压力

法国作家雨果曾说过："思想可以使天堂变成地狱，也可以使地狱变成天堂。"

我们要认识到危机即转机。遇到困难，产生压力，一方面可能是自己的能力不足，因此可以将整个问题处理过程当作增强自己能力、发展成长的重要机会；另外也可能是环境或他人的因素，对此，我们可以理性沟通解决，如果无法解决，也可宽恕一切，尽量以正向乐观的态度去面对每一件事。如同有人研究所谓乐观系数，也就是说，一个人常保持正向乐观的心，处理问题时，他会比一般人多出20%的机会得到满意的结果。因此，正向乐观的态度不仅会平息由压力带来的紊乱情绪，也有助于将问题导向正面的结果。

第三步：理性反思——自我反省和压力日记

理性反思，积极进行自我对话和反省。对于一个积极进取的人而言，面对压力时可以自问："如果没做成又如何？"这样的想法并非找借口，而是一种有效疏解压力的方式。但如果本身个性比较趋向于逃避，则应该要求自己以较积极的态度面对压力，告诉自己，适度的压力能够帮助自我成长。

同时，记压力日记也是一种简单有效的理性反思方法。它可以帮助你确定是什么刺激引起了压力，通过检查你的日记，你可以发现你是怎么应对压力的。

第四步：提升能力——疏解压力最直接有效的方法是设法提升自身的能力

既然压力的来源是自身对事物的不熟悉、不确定感，或是对于目标的达成感到力不从心所致，那么，疏解压力最直接有效的方法，便是去了解、掌握状况，并且设法提升自身的能力。通过自学、参加培训等途径，一旦"会了"、"熟了"、"清楚了"，压力自然就会减低、消除，可见压力并不是一件可怕的事。逃避之所以不能疏解压力，是因为本身的能力并未提升，使得既有的压力依旧存在，强度也未减弱。

第五步：建立平衡——留出休整的空间，不要把工作上的压力带回家

我们要主动管理自己的情绪，注重业余生活，不要把工作上的压力带

回家。留出休整的空间,与他人共享时光,交谈、倾诉、阅读、冥想、听音乐、处理家务、参与体力劳动等都是获得内心安宁的绝好方式。选择适宜的运动,锻炼忍耐力、灵敏度或体力……持之以恒地交替应用你喜爱的方式并建立理性的习惯,逐渐体会它对你身心的裨益。

第六步:加强沟通——不要试图一个人把所有压力承担下来

平时要积极改善人际关系,特别是要加强与上级、同事及下属的沟通。切记,压力过大时要寻求主管的协助,不要试图一个人把所有压力承担下来;同时在压力到来时,还可采取主动寻求心理援助,如与家人朋友倾诉交流、进行心理咨询等方式来积极应对。

第七步:时间管理——关键是不要让你的安排左右你,你要自己安排自己的事

工作压力的产生往往与时间的紧张感相生相伴,总是觉得很多事情十分紧迫,时间不够用。解决这种紧迫感的有效方法是时间管理,关键是不要让你的安排左右你,你要自己安排自己的事。在进行时间安排时,应权衡各种事情的优先顺序,学会"弹钢琴"。对工作要有前瞻能力,把重要但不一定紧急的事放到首位,防患于未然。如果总是忙于救火,那将使我们的工作永远处于被动之中。

第八步:活在今天——集中你所有的智慧、热忱,把今天的工作做得尽善尽美

压力,其实都有一个相同的特质,就是突出表现在对明天和将来的焦虑和担心。而要应对压力,我们首要做的事情不是去观望遥远的将来,而是做手边的清晰之事。因为,为明日作好准备的最佳办法就是集中你所有的智慧、热忱,把今天的工作做得尽善尽美。

第九步:生理调节——保持健康,学会放松

另外一个管理压力的方法集中在控制一些生理变化,如:逐步肌肉放松、深呼吸、加强锻炼、充足完整的睡眠、保持健康和营养。通过保持健康,你可以增加精力和耐力,帮助你与压力引起的疲劳斗争。

第十步:日常减压

以下是帮助你在日常生活中减轻压力的10种具体方法，简单方便，经常运用可以起到很好的效果：

①早睡早起。在你的家人醒来前一小时起床，做好一天的准备工作。

②同你的家人和同事共同分享工作的快乐。

③一天中要多休息，从而使头脑清醒，呼吸通畅。

④利用空闲时间锻炼身体。

⑤不要急切地、过多地表现自己。

⑥提醒自己任何事不可能都是尽善尽美的。

⑦学会说"不"。

⑧生活中的顾虑不要太多。

⑨偶尔可听音乐放松自己。

⑩培养豁达的心胸。

别让岁月偷走我们的激情

生活不能没有热情，工作不能没有激情。激情是一种精神状态，一种责任感的体现，是创新工作、追求卓越活力和动力的基石。只有对工作充满激情与活力，才能面对困难敢于克服，面对竞争敢于创新，面对落后敢于奋起。

刚进入公司的人大多是激情满怀、意气奋发，但工作一段时间以后，激情慢慢倦怠了。当你再也提不起上班的热情，当你不再感觉上班是一种幸福的时候，很显然，你已经对工作没有激情了。

没有激情就没有动力，没有动力就不可能全身心地投入工作，不可能创造性地解决工作中的难题，也就体会不到快乐工作、快乐生活的真谛。没有激情的人，会把工作当作负担，产生厌倦，办事拖拉，工作效率低下，墨守陈规，精神萎靡，不思进取，从而习惯用老方法应对新任务。这就是为什么在相同的岗位上，有人不断进步，有人却停滞不前。所以，别让岁月偷走我们的激情，别让生活磨灭我们的意志，用感恩的心照亮行进的脚步，让激情使我们平凡的生活和工作更加精彩。

第五章 ■

潜 能 篇

——坚持能量的补充,迟早会"喷发"

什么是潜能?顾名思义,就是潜在的能量。每个人的身上都蕴藏着无穷无尽的能量,只是还未被激发出来,你只有坚持挖掘和开发,把它充分地利用起来,它才能发挥出无穷的威力,来帮助你实现自己的梦想!

1. 每个人身上都蕴藏着"金矿"

每个人都具有潜能,只不过是意外事件和灾祸充当了催化剂,使一部分人有了显露这种能量的机会。但大多数人并不知道去深入开发那些供给身体和精神力量的源泉,反而坐在那里不停地抱怨命运不济、能力不够……所以,从现在开始,着手开发你的潜能吧!

潜能如同"沉睡的火山"

在泰国,流传着这样一个故事:泰国国王有一位美丽的女儿,到了该婚嫁的年龄时,国王想,一定要给女儿选择一位胆识过人的勇士。于是,国王心生一计,对外张贴告示:某月某日,在某鳄鱼池边,国王将亲自为公主择婿，有意者请前往参加竞选。到了那天，鳄鱼池边人山人海，都摆出一副跃跃欲试的架势。

国王宣布："现在，鳄鱼池内正放有数条饥饿的鳄鱼，谁有胆量跳入池中，再从这端游至对岸，本国王就将爱女许配于他。"言毕，来的人面面相觑，谁也没勇气跳入池中，因为一旦跳进去，无疑会成为鳄鱼的腹中物，谁敢拿生命去冒这个险呢？但就在这时，只听见"扑通"一声，有人跳进了池中。围观的人紧张地注视着，只见几条鳄鱼张着大口从四面追过来，而池中人边同鳄鱼搏击边拼命地向对岸游去。就在人们惊魂未定之时，他已经快速地爬上了对岸，他赢了。国王兴奋地过来握住那人的手说："年轻人，真勇猛，公主就交给你了！"

谁知那人不但不知感谢国王大恩，反而急急地搜寻了一圈，然后对着身旁的一个人，气急败坏地斥责："你为什么要把我推进鳄鱼池里？"

故事讲完了，结尾出人们意料地幽默了一把，或许听故事的人笑了，但是笑过之后肯定会久久难忘。这个幽默不轻松，它告诉我们：人的潜能是不可估量的，关键在于决定人体潜能被激活程度的压力——在那样一个关乎生死的恶劣环境里，求生的欲望是如此强烈，如果不全力以赴，你就会失去生命，恐惧、压力迫使你的潜能最大限度地爆发出来，结果便出现了奇迹。

世界顶尖潜能大师安东尼·罗宾在心灵革命的课程中，为了证明人类的巨大潜能，曾做过下面的实验，在整堂课里，所有的学员必须面对火红炽热的木炭所铺成的"火路"，然后大胆而勇敢地赤足走过。对于没有那种过火经验的人而言，那是极为骇人的场面，有的人哭，有的人叫，有的人腿软，更有人发抖，甚至有人哀求免去这种"考验"。不过，最终所有的学员还是得走过这条路，因为没有经历过这场考验的人，就无法在随后的课程中得到最大的收获。

对此，安东尼·罗宾说："我们当中很少有人有过赤足过火的经验，但却有不少人见过他人赤足过火的场面，特别是在寺庙的拜火祭典中。当我们看见过火之人平安走过火堆之后，总以为是神明在庇佑那些人，或是有人预先在火堆中做了手脚。殊不知，过火行为只要在妥善安排而不使诈的情况下，人人都能平安走过。"美国一些科学家对过火过程的观察与测试发现，不需要用跑，只要步行的速度够快，便不容易灼伤脚底。因为每当脚掌在接触火炭的瞬间，便会立即释放出汗水，形成一层绝缘体，在那层汗膜尚未蒸发前提起脚掌，汗水便会吸收先前的热量而化为蒸气消逝，从而保护脚掌不受伤。

由于大多数人不了解人体的机能，所以，当他们以无知来接触那些自己视为可怕的遭遇时，便容易陷入畏缩不前的状态。就算是真的无知，当那些研讨会的学员在咬紧牙关平安走过火堆后，他们整个观念会有很大的改变。因为原先认为必然做不到的事，竟然轻易可以实现，且于己毫发无损。

任何限制都是从自己的内心开始的。只是，在紧急关头，人们打破了内心的限制，于是潜能就如同从沉睡中醒来的火山一样，爆发了出来。

在二战期间，一艘美国驱逐舰停泊在某国的港湾。那天晚上，明月高照，一片宁静。一名士兵照例巡视全舰，突然停步站立不动，他看到一个乌黑的大东西在不远的水上浮动着。他惊骇地看出那是一枚触发水雷，可能是从一处雷区脱离出来的，正随着退潮慢慢向着舰身中央漂来。

他抓起舰内通讯电话机，通知了值日官。值日官马上快步跑来，确认了情况后他们通知了舰长，并且发出全舰戒备讯号，全舰立时动员了起来。

官兵们都愕然地注视着那枚慢慢漂近的水雷，大家都了解眼前的状况——灾难即将来临。

军官立刻提出各种办法。他们该起锚走吗？不行，没有足够的时间；发动引擎使水雷漂离开？不行，因为螺旋桨转动只会使水雷更快地漂向舰身；以枪炮引发水雷？也不行，那枚水雷太接近舰里面的弹药库了；放下一支小艇，用一支长杆把水雷携走？这也不行，因为那是一枚触发水雷，同时也没有时间去拆下水雷的雷管。

悲剧似乎是没有办法避免了。

突然，一名水兵想出了比所有军官所能想的更好的办法。"把消防水管拿来。"他大喊着。大家立刻明白了他的意思。他们向艇和水雷之间的海面喷水，制造一条水流，把水雷带向远方，然后再用舰炮引炸了水雷。

这位水兵只是个普通人，但他却具有在危机状况下冷静而正确思考的能力。我们每一个人的身体内部都有这种天赋的能力，也就是说，我们每一个人都有创造的潜能。

不论有什么样的困难或危机影响到你的状况，只要你认为你行，你就能够处理和解决这些困难或危机。对你的能力抱着肯定的想法能发挥出你的潜能，并因而产生有效的行动。

一位已被医生确定为残疾的美国人，名叫梅尔龙，靠轮椅代步已12年。

他的身体原本很健康，19岁那年，他赴越南打仗，被流弹打伤了背部，被送回美国医治。经过治疗，他虽然逐渐康复，却再也无法行走了。

他整天坐轮椅，觉得此生已经完结，时常借酒消愁。有一天，他从酒馆出来，照常坐轮椅回家，却碰上了3个劫匪动手抢他的钱包。他拼命呐喊，拼命抵抗，却触怒了劫匪，他们竟然放火烧他的轮椅。轮椅突然着火，梅尔龙忘记了自己的残疾，他拼命逃走，竟然一口气跑完了一条街。事后，梅尔龙说："如果当时我不逃走，就必然被烧伤，甚至被烧死。我忘了一切，一跃而起，拼命逃跑，及至停下脚步，才发觉自己竟然能够走动。"

有两位年届70岁的老太太，一位认为到了这个年纪可算是人生的尽头，于是便开始料理后事；另一位却认为一个人能做什么事不在于年龄的大小，而在于怎么个想法，于是，她在70岁高龄之际开始学习登山。随后的25年里，她一直冒险攀登高山，其中几座还是世界上有名的。后来，她还以95岁高龄登上了日本的富士山，打破了攀登此山的最高年龄纪录。她就是著名的胡达·克鲁斯老太太。

一位农夫在谷仓前面注视着一辆轻型卡车快速地开过他的土地。他14岁的儿子正开着这辆车，由于年纪还小，他还不够资格考驾驶执照，但是他对汽车很着迷——似乎已经能够操纵一辆车子，因此农夫就准许他在农场里开这辆客货两用车，但是不准上外面的路。

突然间，农夫眼看着汽车翻到水沟里去，他大为惊慌，急忙跑到出事地点。他看到沟里有水，而他的儿子被压在车子下面，躺在那里，只有头的一部分露出水面。

这位农夫并不高大，根据报纸上所说，他有170公分高，70公斤重。当时，他毫不犹豫地跳进水沟，把双手伸到车下，把车子抬了起来，足以让另一位跑来援助的工人把那失去知觉的孩子从下面拽出来。

当地的医生很快赶来了，给男孩检查了一遍，只有一点皮肉伤，需要治疗，其他地方毫无损伤。

这个时候，农夫却开始觉得奇怪了起来，刚才他去抬车子的时候根本没有停下来想一想自己是不是抬得动，由于好奇，他又试了一次，结果根本就动不了那辆车子。医生说这是奇迹，他解释说身体机能对紧急状况产生反应时，肾上腺会大量分泌出激素，传到整个身体，产生出额外的能量。

只要肯挖掘，任何人的潜力都是无穷的

一项调查显示，在阅读一本书时，正常人的阅读速度为30~40页每小时，而潜能得到激发的人却能达到300页每小时；人脑兴奋时，只有10%~15%的细胞在工作；人脑可储存10个甚至更多的信号，而保留在记忆中的却只是很小的一部分。由此可见，人类社会的进步还有待于对潜能的进一步激发。

每一个人出生的那一刻，就注定他身上带有一种长处，这个长处不仔细研究很难发现，只有到社会上磨练了之后才会慢慢显现出来。

人都能学会写字，但是并非人人都能成为作家，最优秀的作家具备某种无法教授的内在才能。任何技能都是如此，往往是只可意会不可言传。学会如何正确弹奏所有的乐符与成为一个钢琴家之间有着巨大的区别，同样的一群人中，里面的人有可能在若干年以后成为这群人的领导者、主宰或是非常有成就的一个人。

朋友近一年从一个普通员工升到了其公司部门经理，工资更是翻了几倍。

在升迁庆祝聚会上，朋友架不住我们的一再要求，告诉了我们自己是如何引爆潜能，升任到这家企业一个重要部门的经理的。

朋友在这家企业觉得自己满腔抱负没有得到上级的赏识，但他又是一个存在性格缺陷比较唯诺的人。其实，他有着相当强的管理能力和领导才能。终于，内心的不甘，他决定将这项潜能发挥出来，但一直苦于没有机会。他经常想：如果有一天能见到老总，有机会展示一下自己的才干就好了！于是，他主动去打听老总上下班的时间，算好他大概会在何时进电梯，他也在这个时候去坐电梯，希望能遇到老总，有机会可以打个招呼。并且，他还详细了解了老总的奋斗历程，弄清了老总毕业的学校、人际风格、关心的问题，精心设计了几句简单却有份量的开场白，在算好的时间去乘坐电梯，跟老总打过几次招呼后，他终于得到了一次跟老总长谈的机会。不久，他争取到了部门经理的职位，并且薪水也涨了几倍。

"当一件事'不得不'做时，我们往往能够做得非常好，但很少有人逼我们做什么，所以很多人就放任了自己。一个人真正的潜能只有在你的自控力和行动力足够强时，才能真正发挥出来，而自控力和行动力都是可以训练的。"

许多时候，我们都会听到有人抱怨"人才被社会埋没了"，但实际是那个所谓的人才缺乏信心和勇气，安于现状，不思进取，自我埋没！所以，我们需要给自己一点意外的和足够的刺激，在适当的时候给自己某些特殊的有益的暗示，让自己对事业多一份信心，多一点勇气，多一些胆略和毅力，这样就有希望使自己的潜能从休眠状态下苏醒，发挥无穷的力量，创造成功。

俄国戏剧家斯坦尼斯拉夫斯基在排一场话剧时，女主角因故不能参加演出，出于无奈，他只好让他的大姐担任这个角色。可他大姐从未演过主角，自己也缺乏信心，所以排演时演得很糟，这使斯坦尼斯拉夫斯基非常不满，他很生气地说："这个戏是全戏的关键，如果女主角仍然演得这样差劲，整个戏就不能再往下排了！"这时全场寂然，屈辱的大姐久久没有说话，突然，她抬起头来坚定地说："排练！"接下来的排演，她一扫之前的自卑、羞涩、拘谨，演得非常自信、真实。斯坦尼斯拉夫斯基高兴地说："从今天开始，我们又有了一个新的大艺术家。"

当然，发挥潜力，需要抓住机遇，当机立断；需要有的放矢，躬身实践。

这时候，你会发现令你开心的事不在别处，就在你自己身上，你可以永远和乐观相伴，尽管危机和挑战随时可能到来，但是你总有能力使自己生活得风平浪静。

美国的笛福森，45岁以前一直是一个默默无闻的银行小职员。周围的人都认为他是一个毫无创造才能的庸人，连他自己也看不起自己。然而，在他45岁生日那天，他读报时受到报上登载故事的刺激，立下大志，决心成为大企业家。从此，他前后判若两人，以前所未有的自信和顽强的毅力，破除无所作为的思想，潜心研究企业管理，终于成为了一个颇有名望的大企业家。

也许，我们每个人得出的启示不一样。但是，至少有一点不能否认，许多时候，我们会感到自己"状态不佳"或"精力不足"或"恐惧犯错误"，于是就把必须做的事放在一边，等待最佳时机的出现，可最佳时机却总也没有出现。这些时候，如果给自己找一些无法发挥潜能和受客观因素限制的借口，自己的身体、大脑与心灵的宇宙就会无法发挥出来。

我们也可以得出另一个结论：无论是在职场，还是在日常生活中，只要肯于挖掘，任何人的潜力都是无穷的，只要你是一个喜欢开动大脑宇宙和用行动来证明自己的人。宇宙是无限的，潜力也是无穷的，善于开发利用是关乎你的潜能能否发掘得出的关键，做到了这些，因潜能而秀出自己的时日就在眼前。

2. 自我施压，将内心的潜能彻底唤醒

如果说需要是发明之母，那么，压力可以称为潜能之母。因为，压力有时能把人的潜能发挥到极致。

不断地自我加压，勇敢地挑起生活的重担

有两个人，各在一片荒漠上栽了一片胡杨树苗。树苗成活后，其中一个

人每隔3天就挑起水桶，到荒漠中来，一棵一棵地给那些树苗浇水。不管是烈日炎炎，还是飞沙走石，那人都会雷打不动地挑来一桶桶的水浇他的树苗。有时刚刚下过雨，他也会来给他的树苗再浇一瓢。一位老人说，沙漠里的水漏得快，别看这么三天浇一次，树根其实没吸收到多少水，都从厚厚的沙层中漏掉了。

而另一个人相比之下就悠闲多了。树苗刚栽下去的时候，他来浇过几次水，等到那些树苗成活后，他就来得很少了。即使来了，也不过是到他栽的那片幼林中看看，发现有被风吹倒的树苗就顺手扶一把，没事的时候，他就在那片树苗中背着手悠闲地走走，不浇一点儿水，也不培一把土。人们都说，这人栽下的树肯定成不了林。

过了两年，两片胡杨树苗都长得有茶杯粗了。忽然有一夜，狂风从大漠深处卷着沙尘飞来，飞沙走石，闪电雷鸣，狂风撕卷着滂沱大雨肆虐了一夜。第二天风停的时候，人们到那两片树林里一看，不禁十分惊讶。原来，辛勤浇水的那个人的树几乎全被刮倒了，有许多树甚至被暴风连根拔了出来，林子里一片狼藉；而那个悠闲的不怎么给树浇水的人的林子，除了一些被风刮掉的树叶和一些被折断的树枝，几乎没有一棵被风吹倒或吹歪。

大家都对此大惑不解，纷纷向这个悠闲的人请教："老天有些太不公平了。那个人常给他的树施肥浇水，可他的那片树林，一夜之间就被风暴给彻底毁了；而你把这些树苗栽好栽活后，就对它们不理不睬了。昨夜那么大的风暴，竟没有吹倒吹歪你的一棵树，难道这有什么奥妙吗？"

这个人听了，微微一笑说："奥妙当然有了。他的树之所以会这么容易就被风暴给毁了，就是因为他浇水浇得太勤，施肥施得太勤了。"

听了他的话，人们更迷惑不解了，难道辛勤为树施肥浇水是个错误吗？

这个人解释说："树跟人是一样的，对它太殷勤了，让它一直处于顺境中，就培养了它的惰性。经常给它浇水施肥，它的根就不会往泥土深处扎，只在地表浅处盘来盘去。根扎得那么浅，怎么能经得起风雨呢？把它们栽活后，不再去理睬它，地表没有水和肥料供它们吸取，它们就不得不拼命向下扎根，恨不得把自己的根穿过沙土层，一直扎进地底下的泉源中去。有这么深的根,还用担心这些树轻易就被暴风刮倒吗?"

水不加压,上不了高山;人不加压,难以成长。因为,人人都有某种程度的惰性——懒散、拖延、得过且过,许多潜力与才能,常常就被这些惰性给毁掉了。

人生如逆水行舟,不进则退,所以,要给自己施加压力。没有压力,人们就会放松对自己的约束或者习惯于迁就自己,对应该做的事情总是迟迟下不了决心。

牧马人家的3匹小马渐渐长大了。一天,牧马人对小马们说:"你们想不想长成驰骋天下的宝马啊?"

"想!"3匹小马异口同声地回答。

牧马人微笑着说:"好,那你们现在想要什么?"

"我想要一副精美的笼头。"一匹小马说。

"我想要一副漂亮合体的马鞍。"另一匹小马说。

"我想要一根皮鞭。"第三匹小马说。

"皮鞭?"牧马人和其他两匹小马都吃了一惊。

"因为我知道,不论是谁都有惰性,有了皮鞭的时时鞭策,我就会克服惰性,从而踏上纵横天下的征程。"第三匹小马回答。

最后,第三匹小马果真成了一匹真正的宝马。

现实生活中的众多实例证明:人越是在压力大、处境难、事务多的情况下,越能干出成绩、成就事业。究其原因,鞭策使然。

如果你是一个有上进心、有远大抱负的人,那么无论是工作的高标准,还是领导的严要求,或是形势的紧迫性,对你而言都是一种鞭策,而鞭策既是压力,也是动力。这些鞭策能不断推动你去学习和工作,去完成一个个看起来很难但经过努力终能完成的任务。在这个过程中,你得到了锻炼,得到了升华,得到了超越,实现了自己的人生价值。

人一旦无所事事、没有压力、没有鞭策,就会懈怠下来、不思进取、得过且过,最终一事无成。

当然,人不会时时都处于有压力、有动力的境况下,所以要学会自我加压、自我鞭策。如果我们能时常鞭策自己，努力提高思想和业务素质，就能为自己赢得更加广阔的舞台。

自我施压能强迫自己改掉不良的习惯，同时也是个自我调整和提升的过程。自我施压，等于给自己安上了一个"驱动器"，它能促使你冲破层层阻力，闯过道道难关，成就一番事业。

利用压力挖掘强大的潜能

人们最出色的工作往往是在处于逆境的情况下做出的。思想上的压力，甚至肉体上的痛苦都可能成为精神上的兴奋剂。

心理学研究证明，人在某种巨大压力的驱使下，能使自己的体力和耐力达到正常情况下决不能达到的程度。一个神经错乱的人，当他发狂时，为什么会有正常情况下所不可能有的体力呢？就是因为人的身体具有潜在的能量。

医学研究已经证明，人的言谈举止、交际水平和心律、血压、消化器官运动以及脑电波都会受到精神力量的控制和影响。比如，有的人不幸患了不治之症，但如果心态积极，精神振作起来，决心与病魔斗争，想干什么就专心致志地干什么，最后竟创造出生命的奇迹也不是不可能。正因为这类事例各国都有，并有据可查，科学家们正在预言：终有一天，我们会发现人体有能力使自身再生。这不是指医学手段的新发展，在人体内更换各种零件，而是指精神力量的巨大作用。

一天，拿破仑骑着马穿越一片树林，忽然，他听到一阵呼救声。于是他扬鞭策马，来到湖边。看见一个士兵一边在湖里拼命挣扎，一边向水中沉去。岸边的几个士兵慌作一团，因为水性都不好，眼看着这位士兵有溺水的可能，却都不知道该怎么办。

拿破仑问旁边的那几个士兵："他会游泳吗？"

"只能扑腾几下！"

拿破仑立刻从侍卫手中拿过一支枪，朝落水的士兵大喊："赶紧给我游回来，不然我就毙了你！"说完，朝那人的前方开了两枪。

落水的士兵听出是拿破仑的声音，又听说拿破仑要枪毙他，便使出浑身的力气，猛地转身，扑通扑通地游了回来。

拿破仑对那位落水的士兵说"毙了你"，让他陷入了绝境，不得不使出全部力量和智能自救。这就是心理学上所说的"急中生智"。

一般来说，人在承受意料之外的重压时，都会产生极度紧张的情绪，心理学上把这叫做应激。当情绪处于高度应激状态时，人的激活水平会快速发生变化，表现为心率、血压、肌肉紧张度发生显著的变化，大脑皮层的某些区域高度兴奋。

在这种情况下，人们可能急中生智，表现出平时没有的智力或能力，做出平时不能做出的勇敢行为，发挥出巨大的潜能，促使事情发生意想不到的转变。

十几年前，孙莉从单位下岗了。她那时已经离异两年，独自带着两个孩子生活，没有其他经济来源。而且，她既未受过正式教育，又没有谋生技能，更可怜的是，在下岗决定试着创业后，她被骗走了所有的积蓄。无奈之下，她上街当起了擦鞋女，靠替人擦鞋赚取少得可怜的收入。在所有人看来，她的境遇实在太悲惨的了，可是孙莉却没有因此放弃希望。

有一天，她去市场选购服装，发现适合中年女性穿着的服装只有少得可怜的几种尺码，同时花色非常呆板，缺少变化。这些服装是由外地一家服装厂制造的，样式千篇一律，做工粗糙，一点也不能表现出中年女性的美感。孙莉马上意识到这一发现的价值，决定改良服装，满足中年女性的多样需求。

虽然当时几乎所有的朋友都对她的想法提出了警告，但孙莉充满自信，以借来的几百元资金开始在家里为有需要的中年女性改缝她设计的衣服。由于她改缝的衣服美观、实用且有特殊的风格，因而立即受到了顾客的欢迎，孙莉的生意也越做越大。后来，孙莉创办了自己的服装厂，专门为中年女性生产各种样式的服装。之后，她还开起了服装店，并且很快就到省城开了连锁店，公司规模不断扩大。

孙莉在压力中产生的灵感不但从危机中挽救了她，还促成了她的成功。孙莉的例子在生活中并不少见。如果孙莉一直过着养尊处优的生活，她是绝不会想到那一点的，因为她没压力感，根本不会去积极发挥自己全部的潜能，寻求摆脱困境的办法。

古语曾有"置之死地而后生"、"破釜沉舟"等说法，讲的就是事情往往要到绝境才有转机，因为此时当事者不得不冷静下来，绞尽脑汁去思考转危为安的方法。顶级的进步常常来自顶级的压力。要想在激烈的职场竞争中取胜，在工作的方方面面做到精益求精，你就必须学会与压力共存，化压力为前进的动力。

3. 坚持积极的暗示，开发你的潜能

心理学家经过长期研究，得出这样一个基本规律：潜意识服从于暗示，它不做任何对比和判断，自己没有主张，而这些都是意识干的事。潜意识只做出反应，对任何暗示一律平等。

所以，要想开发出原本就属于自己的潜能，从现在起，就要给自己积极的暗示。

用积习性暗示开发潜能

每当我们在现实生活中遇到困境，或压力太大时，男性会产生喝酒狂欢的冲动，女性会以找知己好友聊天、看电影、听音乐来解决。这样的冲动由潜意识发动，其目的在暂时维持住我们身心之平衡。就像一根竹子，当细的尖端被拉弯时，粗的一端就会产生一股反弹的力量，以将弯曲的身躯扳直。

对人的精神而来说，潜意识正担负着维持精神的任务。恰似竹子欲挺直腰干一样，当精神状态由于过度的倾向于某一方面而导致不均时，潜意识会适时地发出警讯，即制造出某种所谓的身心疾病，如头痛、过敏、咳嗽、胃痛等来促使我们注意，不要再继续扭曲状态，以免造成更大的疾病。这种

现象可以被称为潜意识之反弹。

字典中对"暗示"或"建议"一词的解释是:劝服人心,去采取行动。但建议不能违背人的意愿,强加于人。换句话说,你的意识有权拒绝接受任何建议或暗示。

假定你在上船时见到一位看起来很胆怯的乘客, 然后你上去对他说:"你看起来气色不好,脸色发白,我担心你可能要晕船,让我来帮你去客舱吧。"这位乘客听到你所说的话后,他原本的担心会更加重。一想到晕船,他就会脸色发白,从而不得不接受你的帮助。这就是消极的暗示起到了作用。

但是,如果你见到一个健壮的船员也走上前去对他说:"噢,亲爱的兄弟,你看上去一定病得不轻,难道你不觉得吗?你肯定会晕船的。"他要么笑你在开玩笑,要么会显得有点生气。

你的暗示在他身上没起作用,因为在他心里,他对晕船免疫,这种免疫使他非常自信,毫无担忧。不同的人对相同的暗示会产生不同的反应,因为他们潜意识中的意志和信仰不同。

我们每个人心中都存在着各种恐惧和担忧、不同的信仰、各种想法或假设,它们支配着我们的生活。乘客害怕晕船,所以你的建议会起作用;相反,船员怕晕船,所以消极的暗示无法引发他对晕的恐惧。因此,只有当暗示被内心接受时才起作用。这就说明,潜意识的动力会受到一定程度的限制。

你在向潜意识示意的时候,一定要用些美好的暗示,如那些能治愈人的、能保佑人的、能激励和启迪人的话语。切记,潜意识不会识别"玩笑",它把什么都当成是真的来接受。

一个纽约人来到芝加哥。中午的时候,他看看手表,告诉他的芝加哥朋友已经12点了。这个朋友马上说肚子饿了,要去吃午饭。其实,这位芝加哥朋友根本没有意识到纽约同芝加哥有1小时的时差, 纽约朋友的手表比他的要快1小时。

有一位年轻的女歌手被邀请去试唱,她一直期待着这次面试。由于前几次她心里一直担心失败,所以在试唱时不能充分发挥。这个女歌手嗓音很好,但她常对自己说:"我唱的他们不一定喜欢,我就试试看,但我还是担忧。"她的潜意识接受了这些消极的暗示,并在适当的时候做出了反应。这些偶然的或无意识的消极暗示被感情化和主观化了。

后来,她将自己关在屋内,坐在沙发上,让身体完全放松,闭上眼睛,让心情静下来。因为身体的迟钝对潜意识的顺从和接受暗示是有益的。她静静地默祷:"我其实唱得很优美,我会很沉着、很自信。"她面带表情慢慢地重复了多次,晚上睡觉前也重复这样的默祷。如是每天三次,一周后,她信心十足地参加试唱,结果唱得很成功。

积极的暗示可产生积极的心态,消极的暗示可产生消极的心态。积极的心态能发挥潜能,使人成功、快乐和健康;消极的心态则能排斥这些东西,夺走生命的一切,使人终身陷在谷底,即使爬到巅峰,也会被它拖下来。

那么,如何进行积极性暗示呢?

积极性暗示的技巧和方法

(1)句子应简单有力,不要太长、太啰嗦。如:"我很健康! 我很聪明! 我很精干! 我一定能成功!"不要说:"我要好好学习,每天抽出两小时学外语,学好外语,可以出国,干一番事业,挣一笔大钱。"这样说太啰嗦。

(2)暗示语要有积极性,不要从反面说,因为潜意识不喜欢拐弯抹角。例如:"我的工作不应该干成这个样子,应该干得更好。"这样说不好,而应该说:"我的工作很棒! 我的工作很出色! "

(3)暗示语不要模棱两可,要确定。例如,不要说:"我的工作或许能取得成功,给单位带来效益。"应该说:"我能成功! 我一定成功! "

(4)暗示语要有可行性。也就是说,暗示语的选择,要考虑到是否符合自己的实际情况,是否符合内外环境情况,是否经过努力可以办到。经过努力办不到的事情,或内外环境根本不允许的事情,就不要去暗示了。暗示时,最好暗示自己的近期目标,这个目标实现了,再暗示下一个目标。不要一次性暗示太远了,如果太远了,就容易脱离现实。

(5)要配合想象,注入情感。自我暗示语确定下来后,要用想象力去配合,调动自己的情感因素去体验成功时的感受。例如,想象你成功之后,站在领奖台上的那种心情,那种感受,以此来强化自己的暗示语,使想象更加逼真,使暗示语进入自己的潜意识。

TIPS:常用的积极性暗示语

利用暗示语时,要结合自己的情况而定。你的近期目标是什么,你就暗示什么;你想在哪一方面获得成功,就在哪一方面进行暗示。

为便于大家操作,下面介绍一些常用的暗示语。

希望增强自信时,可用以下暗示语:我很自信! 我才能出众! 我精力充沛! 我很能干! 我处事果断!! 我是独一无二的! 我很帅! 我很漂亮! 我感觉很好! 我心情极佳!

希望改善人际关系时,可用下列暗示语:我很诚恳! 我光明磊落! 我喜欢赞美别人! 我能宽容别人! 我待人慷慨大方! 我谦虚待人! 我信守承诺! 我珍惜友谊! 我受大家欢迎!

希望提高工作效率时,可用下列暗示语:干就干! 我当机立断! 我惜时如金! 我很勤快! 我办事效率高!

当你遇到困难、碰到难题时,可用下列暗示语:我能解决这个问题!这对我来说容易! 我能找到解决问题的办法! 我能办好这件事! 没有解决不了的问题! 办法总会有的!

当你遭到失败时,常用的暗示语有:我下次一定能成功! 我增长了见识! 我丰富了经历! 我得到了经验! 我得到了锻炼! 我收获很大! 我心情很好!

你希望朝气蓬勃、智慧超人时,可用下列暗示语:我智慧出众!我头脑聪明! 我记忆良好! 我富有创造性! 我想象力丰富! 我无所不能!

你希望成为一名高级管理人才或成为一名专家学者时,可用下列暗示语:我是一个非凡的人物! 我是一位天才! 我能成就大业! 我是一名优秀的管理人才! 我是一名出色的设计人才! 我是一名出色的研究人才!

你希望自己成为一个健康的人时，可用下列暗示语：我很健康！我身体强壮！我喜欢运动！我精神愉快！我心情舒畅！

你希望有个幸福的家庭时，可用下列暗示语：我家庭和睦！我的家庭充满了欢乐！我的家庭和谐美满！我爱我家！他们都爱我！

暗示的时间和次数

我们知道，暗示是向潜意识输送信息的一种手段。那么，什么时间暗示最好呢？暗示多长时间才会有效呢？

一般来说，当你确定了自己的暗示重点，明确了自己计划改进的某一方面，选好了自己的暗示语，就可以暗示了。在暗示前，最好把暗示语写出来，写上年月日，签上自己的大名。这表明从这一天开始，你要开始改进自己，开发自己的潜能了。从这一天起，早晚各暗示一次。早上在起床前暗示，晚上在上床后睡觉前进行暗示。这两个时间是潜意识最活跃、最容易接受信息的时刻。暗示语可以高声朗诵，可以小声朗读，也可以无声默读。在暗示时要利用大脑的想象力，想象所追求的向往的目标形象、图景和情景，使暗示带有色彩\充满情感，这样效果会更佳。

这种暗示要每天早晚各一次，一直连续21天，不能间断。

为什么是21天呢？

21天这个期限，是建立积极心态，养成一个习惯的最低期限，不能打折扣。改变一个人的心态，养成一个习惯，至少要经过21天连续反应，这是心理学上的一个法则。也就是说，经过21天后，你才能看到效果。所以，21天内，你只管按时暗示就行了，不要去想这些暗示语会不会产生作用、会不会有效之类的问题。因为，疑心是一种消极暗示，它会抵消你的积极暗示，这一点要特别引起注意。

如果在这21天内，你能坚持不断、坚信不疑地向潜意识进行暗示，这些暗示语就会潜移默化地渗透到你的潜意识之中，并储存下来。这时，它就会成为你的自动导航系统，成为你宝贵的精神财富。这些精神力量，成为激励你、鞭策你前进的动力。这时的你，就不是以前的你了。

如果21天之后，甚至更长时间，你感觉不到任何变化，问题可能出在以下三个方面：

（1）对暗示和暗示语没有认可。

对暗示持怀疑的态度，也就是说，你认为它的作用并没有那么大，它并没有那么重要。如果你有这样的心理状态，你的大脑网状激活系统就不会让它通过，不会让它进入潜意识。这种情况下你就是一天暗示十次也没有用。要解决这个问题，首先要重新认识暗示的作用，再次分析你的暗示语，想想你所暗示的目标是不是你所期望的，是不是你真心所要的。如果不是，修正你的暗示语，修订你的目标，一直修改到你满意为止。以此为起点，再连续暗示21天。

（2）21天之内，是否有间断现象？

如果是想起来就暗示一次，想不起来就不暗示，这样也不会产生效果。其原因也是重视不够，网状激活系统没有让此信息通过，所以不会有效果。

（3）没有注入自己的感情，没有进入"角色"。

演员要演好一个戏中的人物，一定要进入角色，把自己想象成"戏中人"，并且注入感情去演，才能演好、演活，打动观众。同样地，要使暗示语打动你的潜意识，进入你的自动导航系统，我们也要带着感情真心实意地去暗示。如果把暗示当成一种负担，看作是一种勉为其难的事，当然会毫无作用。

总之，要想使积极暗示发挥作用，首先对其要有正确的认识，承认它的作用，认为它重要，这样才能引起你的网状激活系统的重视，让暗示语进入你的潜意识，使你坚持不懈地对自己进行暗示。

暗示的六种基本方法

（1）录音催眠法。

录音的用途很多，有人用来学英语，有人用来听歌曲，但也有人用在睡眠学习上。其原理是，一个人在熟睡之前或尚未完全清醒之前，潜意识是最活跃，此时将录好的内容在无意识的催眠状态下灌进人的脑海里，很容易使大脑接受暗示。一个人若在此状态下接受暗示，一旦清醒过来，就会遵照被催眠的暗示去行事。

在催眠的状态下，暗示具有较好的效果，所以，可将这种暗示法应用在潜能开发上。应用的方法是，将你选好的暗示语录下来，睡觉时每晚放半个小时，使你在录音播放中进入睡眠。这样反复播放数周后，暗示语就会生效，你的潜能就会得到开发。

你近期的任务是开发一种新产品或完成某一科研项目，为做好这项工作，你可播放这样的暗示录音："我近期的目标是开发XXX新产品，这对我很重要，对公司(研究所)也很重要。我头脑聪明、才华出众、富有创造性。一定能设计出高水平的新产品。"反复播放数周，必见成效。

如果你希望你的工作顺手，事事顺利，充分发挥你的能力，可放这样的录音："现在我的心情很好，情绪也很稳定，应该好好地休息，明日醒来，精神旺盛，工作才能得心应手、事事顺利。"反复播放这一内容，第二天必有好的心情，工作一帆风顺。

如果你有办事拖拉、优柔寡断、缺乏时间概念、懒散等毛病，想去掉这些毛病，你就播放这样的录音："我有说干就干的工作作风，我喜欢当机立断，我惜时如金，我很勤快，我有勤劳的美德。"

你期望自己成为什么样的人，就怎样暗示自己。记住：今日的暗示，就是明日的你。

(2)扩大优点法。

有人之所以有自卑感，是看不到自己的优点，光看到自己的缺陷。每个人都有自己的闪光点，看不到，只能说你没有发现。你现在要做的是，不但是要设法发现它，还得设法扩大它。即使是微小的优点，一天反复思索几遍，也能使你感觉到优点多于缺点。

年轻的小伙子在追求一个女孩子时，如能反复称赞对方最迷人的地方，会使对方觉得自己似乎处处都值得被称赞，这样能很容易打动她的芳心。即使在本质上是一个微不足道的小优点，只要在量的方面给予反复的刺激,自然会把缺点驱逐到一边去,而使优点在心中逐渐扩大。

如果有人认为:"我一向很害羞,性格也很内向,如果说我有优点,那只有温柔一项而已"。那么,"温柔"就是你的优点,反复对自己说:"我很温柔,这一点我比别人强。"这样可以增强你的自信。

(3)淡化消极因素法。

所谓淡化消极因素,就是设法缩小消极面。在实际生活中,有许多人被不安和自卑情绪困扰得痛苦不堪,但稍加分析,就会发现他们将极小部分的失败或恐惧扩大化了,扩大到了整体,以偏概全。

在此种情况下,不妨做一下分析。

比如,与领导发生口角时,有些人往往认为,这次完了,得罪了领导,以后不会有什么"好果子"吃,于是对工作失去了信心。对此问题也可采取下面的办法解决——

"你对工作失去信心的原因是什么?"

"是与领导发生了口角。"

"是与所有的领导发生了口角吗?"

"不是,仅与领导中的一个发生口角,他仅是领导中1/3或1/5。"

"没关系,不会影响你的工作,也不会影响到你的前途。"

……如此考虑问题,消极心态就不存在了,你也就不会对工作失去信心了。

(4)不说消极语言法。

消极语言,是一种消极暗示,这种话说多了,就会产生自卑心理,使人意志消沉,失去自信,最终一事无成。

既然消极语言危害如此之大,为什么人们还要说呢?这与人的心理状态有关。当生活、工作、学习不顺利的时候,消极话就会脱口而出,对自己进行否定,而且进行全面否定。

有些人常说"反正"、"毕竟"或总之"一类的话。

"反正我认为不行"、"总之,我是无能为力了"、"我毕竟比不上他"、"总之,注定是要失败的"等。这些话都是一些全面否定自己的话,一旦开口,本来可以做好的事都要做不好了。说出"反正"、"毕竟"、"没办法"之类的话，就表示自己已经失去了信心，放弃了努力，或停止了思考，这样一来做不好或不去做，也就理所当然了，自然没有必要再去努力。

这就是消极语言带来的严重后果。一个人要想树立自信，使自己的事业获得成功，就应避免说消极语言，即使一些消极话浮现在你的脑海里，也要避免应用它。这一点切勿忘记。

(5)赞美他人法。

赞美他人，是一种积极的暗示，这种方法不仅给了他人积极的暗示，同时也给了自己积极的暗示。因为，在赞美他人时，你看到了他人的长处，说明他人的长处也进入了你的心灵，这本身就是一种积极的暗示。同时，你赞美他人时，他人必定高兴，给你一个笑脸，这也是一个积极性暗示。所以，赞美他人是一种很好的积极性暗示，如能经常运用，必然能收到较好的效果。特别是对于领导者，如能善加运用这一方法，其效果更大，不但能改进上下级关系，还能调动部下的工作积极性。

领导者看到部下时，打个招呼，展露一下笑脸，再讲几句表扬性的话，诸如"最近工作干得不错，你起草的那份文件，我看了，写得很好"、"你那项工作完成得很漂亮，你辛苦了"等，能起到很好的积极暗示作用。若对有些人有时候实在没有可表扬的，那么你就说一声"你的衣服真好"，也能起到积极暗示的效果。

要知道，领导的赞扬，对领导而言，开口而出，并不费事，但对下属来说，作用就大了。领导的表扬就是对下属工作的肯定，下属受到表扬后，就会认为自己这样做能得到领导的赞赏，他下次还会这样做。所以，你希望下属怎么做，你就怎样表扬下属；你怎么表扬，下属就会怎么做。这比领导直接下命令，提要求，强迫下属按照领导的意图去做强得多——这就是领导艺术。

此外，领导对下属的表扬，也是对下属能力的肯定。下属会认为："我行，我的能力还可以，我有能力做好本职工作。"从而提高自信心，增强了对工作的兴趣与自信感，工作也就越干越好，越干劲越足。

所以，国外专家对领导者建议，当领导的，每天要表扬5个人。这5个人是谁呢？可以是你的部下，可以是你的同事，也可以是你的家人。表扬你的部下，能改进你的上下级关系，调动部下的工作积极性，开发部下的潜能；表扬同事，可增进同事之间的友谊，使你与同事之间的人际关系更加和谐；表扬你的家人，可增进家庭的和睦；表扬你的孩子，可开发孩子的潜能。此种方法非常有效，你不妨一试。

(6)转移暗示法。

积极的暗示产生积极的心态，消极的暗示产生消极的心态。对于自己而言，可避免运用消极的暗示；对于他人，可就难以避免了。你不说，别人说，照样能对你产生消极暗示，怎么办呢？遇到这种情况，就得运用转移暗示法，将别人对自己的消极暗示转化为积极暗示。

公共汽车上，一位老先生不小心踩了一位年轻姑娘的脚，这位姑娘开口就骂人："你个老不死的!"可是这位老先生却没有生气，反而笑呵呵地说："谢谢! 谢谢!"老先生这一举动，把周围的人都闹糊涂了。这是怎么回事? 人家骂他"老不死的"，他不但不生气，反而乐着说谢谢，这老先生肯定神经有问题。此时，就有一人问老先生："人家骂你，你还谢人家，这是为何呢？"

老先生说："她没有骂我，她给我祝福呢。她说，第一我老了，第二我不会死，这不是给我祝福？ 我不应该感谢她吗？"听到此话，周围的人都乐了，那位姑娘也红着脸低下了头。这就是转移暗示，将不利于自己的话，转移为有利于自己的话。

在日常生活中，经常会遇到类似的情况，青年人血气方刚，容易急躁，所以学会转移暗示显得尤其重要。

4. 斩断自己的退路，坚持向目标冲刺

只有一条路可走的人往往是最容易成功的人，因为别无选择，所以他们会倾尽全力朝目标冲刺。有时只有斩断自己的退路，才能把不可能变成

可能;只有将自己逼上梁山,才能找到出路。对自己太容忍,反而是对自己的残忍。当我们不能后退时,就只有前行。欢腾的小溪没有退路,它从高处流向低处,直到汇入大海;雄健的苍鹰没有退路,它从断崖飞向低谷,直到驰骋天穹;稚嫩的幼芽没有退路,它从地下钻出地面,直到沐浴春雨。

如果想要找到出路,没有坚定的信念和视死如归的精神是不行的。有时我们必须放开手脚,大胆去做,才能克服所谓的不可能。

网坛明星俄罗斯运动员莎拉波娃4岁时,她的父亲就变卖了他们在俄罗斯的全部资产,带着莎拉波娃到美国练习网球。正因为没有退路,莎拉波娃从小就刻苦练习,最终成长为一名成功的网球手。

生活中,退路就是在为不成功找借口,在经历失败后,它就成了堂而皇之的退缩理由。当你为自己留出后路时,你就在失败上投下了一枚筹码,你的信心就已经削减了一半。关键时刻,有破釜沉舟的勇气的人,才能给自己创造一个向生命高地冲锋的机会。

东汉的大学问家班彪有两个儿子,一个叫班固,一个叫班超,兄弟俩都很优秀,但志向却不一样。班固喜欢研究百家学说,班超却爱在战场上挥洒英勇。

班超在大将军窦固手下担任代理司马,当时匈奴不断地侵扰汉朝边疆,窦固赏识班超的才干,派班超为使者到西域去联络西域各国以共同对付匈奴。

于是,班超带着几十个随从人员到了西域的鄯善。鄯善是归附匈奴的,但匈奴逼他们纳税进贡,使得鄯善王很不满意。看到这次汉朝派使者来,他们招待得甚为殷勤。

但没过几天,班超就察觉鄯善王对待他们忽然没前几日那么热心了,他猜想一定是匈奴的使者也到了鄯善。为了证实自己的想法,当鄯善王的仆人送食物进来时,班超装出一副料事如神的样子说:"匈奴的使者来了几天了?住在什么地方?"那个仆人一听,吓了一大跳,以为班超已知道这件事,只好老实回答说:"来了3天了,他们住在离这儿30里地的地方。"

果然不出所料,班超把那个仆人扣留了起来,立刻召集随从人员,把匈奴使者来到鄯善的事告诉了他们，并对他们说："匈奴使者的到来，可能动摇了鄯善王，如果他倾向于匈奴，说不定会把我们统统都给杀了。大家看现在该怎么办？"大家听后知道情况危急，都表示愿意追随班超，一切听从他的安排。

班超见状，说："好！今天我们就立即行动，趁着黑夜，攻进匈奴的帐篷周围，他们不知道咱们有多少人马，一时反应不过来，肯定会自乱阵脚。只要我们杀了匈奴的使者，事情就好办了。"大家说："那我们今夜就殊死一搏吧！"

于是，当天半夜，班超就率领着他的随从偷袭了匈奴的帐篷。一些人擂鼓、呐喊，其余的人大喊大叫地杀进帐篷。匈奴人从梦里惊醒，到处乱蹿。班超第一个冲进帐篷，其余的壮士跟着班超杀进去，最后轻松杀掉了匈奴使者和其随从。

第二天，鄯善王发现匈奴的使者已被班超杀了，只好表示愿意服从汉朝的命令。班超回到汉朝后，汉明帝因为其立下了巨大功劳，马上提拔了他。

有些事情是必须马上做出决定的，稍有犹像，很可能连自己的性命都难以保全。而且一旦做出了决定，就不要畏畏缩缩，一定要抱着全力以赴的态度，才能将成功的可能性升到最大。所以，斩断退路也不失为一种获取成功的方法。

人生没有回头路，有些人、有些事一旦错过了就再也找不回来了。想要拥有一些东西，不仅要付出相当的努力，而且要有莫大的勇气去果断地选择。

5. 坚持下去，毅力可以移山也可以填海

毅力是一把磨刀石，虽然不起眼，但是却能够把铁杵磨成针；毅力是一枚测金器，只有真金才能经得住考验，只有杰出的人才能被筛选出来。有些人志向远大，但坚持不了多久就退缩了；有些人一直坚持，却往往在离目标仅有一小段距离的时候因为欠缺毅力，而在最后一刻放弃了。人生所经历的一切都在长期考验着我们的毅力，唯有那些坚持不懈的人才能得到成功

的眷顾。

彼德·戈柏是索尼娱乐事业公司的总裁，这个企业的前身即是闻名全球的哥伦比亚电影公司。在竞争激烈的电影市场，彼德·戈柏与他的搭档钟·彼德斯共同为世界影视创造了一部又一部经典之作，奥斯卡金像奖的桂冠也多次被他们公司揽入怀中，彼德·戈柏也因此成为电影界最有能力且最受尊敬的人之一。

权威媒体评价彼德·戈柏说：他能在这样一个竞争激烈的行业中具有如此重大的影响力，一个原因是他具有其他人所未有的眼光，另一个原因就是他有一般人所不及的毅力。

拿电影《蝙蝠侠》来说，这部影片开拍之前，许多片厂主管都说这部片子毫无市场。他们认为除了小孩会去看之外，就只有蝙蝠侠这部漫画的书迷肯掏钱进入电影院。经历了一次又一次的拒绝和否定，这部影片险些胎死腹中。然而，戈柏和彼德斯不顾接踵而来的挫折、打击、失望和风险，终于坚定地走了下来，最终完成了这部电影。而这部其他人都不看好的电影，卖座率高踞电影史前列

再说著名影片《雨人》，这部片子在整个摄制过程前后就换了5位编剧、3位导演，其中一位导演还是大名鼎鼎的斯皮尔伯格。之所以数次更换是因为他们都认为观众不会有兴趣看一部全片只有两个人驾车横越全美国过程中的对话，何况其中一位心智还有问题。虽然一再遭受挫折，但戈柏始终坚持自己最初的想法。最终结果也证明彼德·戈柏是对的，该片囊括了奥斯卡金像奖的4项大奖。

经过这么多年的打拼，戈柏深深体会出只有坚持到底才会有收获，只有拥有锲而不舍的毅力才能获得成功。

一个企求立刻能看到结果的人往往放弃得也快，只有有毅力且能坚持到底的人才能达到人生的目标。没有坚定的毅力什么也干不成。

有人说：毅力是影响人生最重要的一项因素，它的作用远超过个人的才华。许多人之所以未能成功，就是因为在差一点就能到达目标的时候放弃了。看看那些成功的人，他们无一不拥有超人的毅力。

有一个小男孩生长于旧金山贫民区，因为从小营养不良，他患上了软骨症，6岁时双腿变形，小腿严重萎缩。但是这个小男孩没有因为疾病而放弃自己要成为美式橄榄球全能球员的梦想，杰出的球手吉姆·布朗是他的偶像。

13岁时，男孩不顾双腿的不便，一跛一跛地到球场去为心中的偶像加油。比赛后，他在一家冰淇淋店里终于近距离看到了吉姆·布朗，那是他多年来所一直期望的。男孩大大方方地走到这位大明星跟前，大声说道："布朗先生，我是你最忠实的球迷！"吉姆·布朗和气地向他说了声谢谢。这个小男孩接着又说道："布朗先生，我记得你所创下的每一项纪录。"吉姆·布朗十分开心地笑了，说道："真不简单。"这时，小男孩挺了挺胸膛，眼睛闪烁着光芒，充满自信地说道："布朗先生，有一天我要打破你所创下的每一项纪录。"

听完小男孩的话，这位球场上的明星微笑着对他说："好大的口气，孩子，你叫什么名字？"小男孩得意地笑了，说："奥伦索，先生，我的名字叫奥伦索·辛普森。"

从那以后，奥伦索·辛普森靠着顽强的毅力同病魔抗争，坚持练球，心中只有一个目标：超越。十几年的坚持没有白费，辛普森最终在美式橄榄球场上打破了吉姆·布朗创下的所有纪录。

是什么激发了男孩令人难以置信的能力？又是什么使一个行走不便的人成为球场上的佼佼者？人生路上，我们首先做的事便是订立目标，接着是朝着这个目标坚持不懈地奋斗。记住，毅力能改写你的人生，能把看不见的梦想变成看得见的现实。

聪明的人并非都能成功，成功的人也不是比别人都聪明。但可以肯定的是，成功的人一定比别人更有胆量和毅力。强者成功地开发了自己的毅力并有效地经营成功，弱者则被自己的不坚持而打败。

使人走向成功的因素很多，最关键的是你是否有毅力坚持下去，是否能战胜横亘在面前的困难。有了目标，不懈地努力，以顽强的毅力坚持下去，靠着毅力移山倒海，必定能够到达目标。

第六章 ■

机 遇 篇

——别人没做过的事更需要坚持

许多成功的人之所以取得成功，就是因为他们敢想敢做。与其不尝试而失败，不如尝试了再失败，不战而败是一种极端怯懦的行为。

1. 与其不尝试而失败，不如尝试了再失败

生活中，伟大的成功者在机遇降临时，总愿放大胆子一试身手。在某些时候，我们必须采取重大的和勇敢的行动，大胆去尝试，敢于冒险，唯有如此，才有成功的机会。

敢于冒险，不要惧怕失败

有时，尝试就是一种冒险。假如你想致力于改良事物的现状，就不得不欣然去冒险。用罗斯福总统夫人伊莲娜的话说就是：我们必须去做自以为办不到的事。

成功者最大的特点就是，具有想用新的点子做实验及冒险的意愿。进取的人和普通人最明显的差别就在于：进取的人在态度上勇于冒险，且具

新观念,能鼓舞他人去从事一无所知的事物,而非尽玩些安全的游戏。他们之所以敢于冒险,是因为有冒险力的驱动。要冒险,一定要有足够的勇气及资本,所谓的资本就是指冒险力。光凭着第六感觉或运气是没办法安然度过大大小小的风险的,如果一切都在计划之内、意料之中,也就算不上什么冒险了。冒险力就是在无法确定的复杂情势下,发挥它的神奇魔力的。

说到冒险精神,人们就会联想到发现美洲新大陆的哥伦布。

哥伦布还在求学的时候,偶然读到一本毕达哥拉斯的著作,知道地球是圆的,他将此牢记在脑子里。经过很长时间的思索和研究后,他大胆地提出,如果地球真是圆的,他便可以经过极短的路程到达印度。自然,许多自以为有常识的大学教授和哲学家们都嘲笑他的设想。他们觉得,想向西方行驶而到达东方的印度,那不是傻人说梦话吗?他们告诉他,地球不是圆的,而是平的,然后又警告道,他要是一直向西航行,他的船将驶到地球的边缘并掉下去,这不是等于走上了自杀之路吗?

然而,哥伦布对这个问题很有自信,只可惜他家境贫寒,没有钱让他去实现这个理想。他想从别人那儿得到一点钱,助他成功,但一连空等了17年。于是,他决定不再向这个"理想"努力了,因为使他忧虑和失望的事情太多了,竟使他的红头发也完全变白了——虽然当时他还不到50岁。

灰心的哥伦布,这时只想进西班牙的修道院,去度过后半生。正在这时候,罗马教皇却说服了西班牙女王伊莎贝露资助哥伦布。教皇先送了65元给哥伦布,算是路费。但他自觉衣服过于褴褛,便用这些钱买了一套新装和一匹驴子,然后启程去见伊莎贝露,沿途竟穷得以乞讨糊口。女王赞赏他的理想,并答应赐给他船只,让他去从事这种冒险的工作,为难的是,水手们都怕死,没人愿意跟他走。于是,哥伦布鼓起勇气跑到海滨,捉住了几位水手,先向他们哀求,接着是劝告,最后用恫吓手段逼迫他们去;另一方面,他又请求女王释放狱中的死囚,并许诺他们如果冒险成功,就可以免罪恢复自由。

1492年8月,哥伦布率领3艘船,开始了一次划时代的航行。刚航行几天,就有两艘船破了,接着,他们又在几百平方公里的海藻中陷入了进退两难的险境,他亲自拨开海藻,船才得以继续航行。在浩瀚无垠的大西洋中航行了六七十天，也不见大陆的踪影，水手们都失望了，他们要求返航，否则就要把哥伦布杀死。哥伦布兼用鼓励和高压两种手段，总算说服了船员。

天无绝人之路，在继续前进中，哥伦布忽然看见有一群飞鸟向西南方向飞去，他立即命令船队改变航向，紧跟这群飞鸟。因为他知道，海鸟总是飞向有食物和适于它们生活的地方，所以他预料到附近可能有陆地。果然，他们很快发现了美洲新大陆。

当他们返回欧洲报喜的时候，又遇上了四天四夜的大风暴，船只面临沉没的危险。在这十分危急的时刻，他想到的是如何使世界知道他的新发现，于是，他将航行中所见到的一切写在了羊皮纸上，用腊布密封后放在桶内，准备在船毁人亡后，使自己的发现能够留在人间。

哥伦布等人最后总算是脱离了危险，胜利返航了。无须赘言，如果哥伦布没有不怕困难、不怕牺牲、勇往直前的进取精神，"新大陆"能被发现吗？

看看哥伦布，再看看我们自己，我们没有任何理由不去修正自己，建立起敢于打破传统框架、勇于去冒险的坚定信念。然而，可悲的是，一些固守传统观念的人，崇尚"稳中求胜"，认为"凡人世险奇之事，绝不可为。或为之而幸获其利，特偶然耳，不可视为常然也。可以为常者，必其平淡无奇，如耕田读书之类是也"。可是，随着时代的发展，这种思想已明显落伍。常人的机遇，常人的成功，往往存在于危险之中。你想要美好的机遇吗？你想要事业的成功吗？那就要敢冒风险，投身于危险的境地，去探索，去创造，不要瞻前顾后，不要惧怕失败。

敢于冒险是智者的特质

成功意味着冲破平庸，而其中的一条捷径便是敢于冒险。

敢于冒险，是强者的重要性格，也是成功者的基本特征。开创性的工作总是充满着风险，只有敢于冒险的人，才能在风险面前毫不畏惧；敢于开拓道路，敢于追求平常人不敢追求的目标，也才有可能取得常人永远无法取得的成就。勇于冒险求胜，你就能比你想象的做得更多更好。

在风险面前胆怯的人，不敢去做前人未曾做过的事，不敢去攀登前人未曾攀登过的高峰，当然也不会体验到冒险的刺激与成功的喜悦，结果只能是永远也不会有所作为，甚至被时代所抛弃。

大部分人停留在所谓的"安全圈"内，无意于任何形式的冒险，惧怕失败，求稳怕乱，平平稳稳地过一辈子，虽然可靠，虽然平静，虽然可以保住一个"比上不足比下有余"的人生，但那真正是一个悲哀而无聊的人生，一个懦夫的人生。其最为痛惜之处在于：自己葬送了自己的潜能。本来可以摘取成功之果，分享成功的最大喜悦，可是却甘愿把它放弃了。与其造成这样的悔恨和遗憾，不如勇敢地闯荡和探索；与其平庸地过一生，不如做一个敢于冒险的英雄。

所谓"富贵险中求"，与风险不沾边的人，想成就一番大事业是不可能的。正如一位哲人所说："风险与机遇并存。"如果一件事没有风险，就会有很多人去做，这件事自然也没有什么价值。成大事者知道，风险越大，成功的价值也就越高。

不要放弃任何机会

机会来临不要犹豫，马上行动，这是你走向成功的必经之路。

比尔·盖茨说："你不要认为那些取得辉煌成就的人，有什么过人之处。如果说他们与常人有什么不同之处，那就是当机会来到他们身边的时候，立即付诸行动，决不迟疑，这就是他们的成功秘诀。"

人生中会有好多的机会到来，但总是稍纵即逝。我们当时不把它抓住，以后就会永远地失去它。

有计划而不去执行，这将对我们的品格力量产生不良的影响；有计划而努力执行，能增强我们的品格力量。有计划没有什么了不起，能执行定下的计划才算可贵。

许多成功的人之所以能取得成功，就是因为他们敢想敢做。

比尔·盖茨正是这样的一个人。他在承接信息科学公司的项目成功后，信心大振，又与保罗·艾伦琢磨起了新的赚钱路子。不久，他们成立了一家自己的公司，名为交通数据公司。

他们为什么要办这样一家公司呢？当时，几乎所有市政部门都在使用同一种装置来测量交通流量，这种装置是由一个金属盒子联接一条横跨路面的橡胶管组成的。金属盒中有一盘16轨纸质磁带，当有车从橡胶管上经过时，这台机器就会在磁带上打上0或1这两个二进制代码，这些数字反映出车辆经过的时间和流量。市政部门雇用私人公司将这些原始资料译成信息，以供有关工程师们分析研究。例如，以此来决定何时该亮红灯或绿灯。

原先为市政公司提供服务的私人公司效率低而且要价高，这为盖茨和艾伦提供了竞争取胜的机会。他们用电脑来分析这些磁带数据，然后把结果卖给市政部门，他们比对手既快又便宜。盖茨雇用湖滨中学几个七八年级的学生，把磁带上的数据誊写到电脑卡上，然后盖茨把它输入到电脑里。接下来，他用自己设计的程序将这些数据转换成易读的交通流量表。

当交通数据公司开始正常运转后，艾伦决定制造自己的电脑，以便直接分析磁带数据，这样就可免去手工劳动了。他们聘请了一位波音公司的工程师来协助设计硬件。盖茨拿出360美元，购买了一个英特尔公司的新型8008微处理器芯片。他们将一台16轨纸质磁带阅读器连接到这台电脑上，然后把交通流量记录磁带直接输进去。

与后来的微机相比，这台"土制"电脑是非常原始的，只是勉强能用而已，还不能保证它不出故障。有一次，盖茨洋洋得意地在餐厅向一位市政官员演示他的交通数据电脑时，机器突然卡了壳。盖茨鼓捣了半天，机器就是不听使唤，那位官员也因此失去了兴趣。盖茨觉得很没面子，便向他母亲求援："告诉他，妈妈！告诉他，它确实能工作！"

盖茨和艾伦利用交通数据公司赚了大约两万美元。但是市政公司并非天天需要进行交通流量分析，因此，这是一种越做越小的生意，公司不会有多大发展前途。当盖茨为交通数据公司招揽生意时，他又萌发了一些新的赚钱计划。不久，盖茨又与埃文斯合作成立了一个"逻辑仿真公司"。

逻辑仿真公司的业务范围包括设计课程表、进行交通流量分析、出版烹饪全书等。盖茨此时的生意经验毕竟还是很稚嫩的，只能说处于摸索阶段。他的公司业务范围如此广，看起来赚钱的机会更多，其实不然，因为这样没有明确的业务范围，自然也没有固定的客户，赚钱必然有限。

1972年5月，湖滨中学校方授权他们设计全校400多名学生的课程表程序。校方希望这套电脑软件可以从秋季72-73学年开始启用。湖滨中学原本是让那位受雇于本校教授数学，并帮艾伦设计过电脑的前波音公司工程师从事这项工作的，但不幸的是，此人死于一场坠机事故。于是，这个任务就落到了盖茨和埃文斯肩上。

但接受任务不到一周，肯特·埃文斯在一次登山事故中不幸遇难。悲痛的盖茨请艾伦来帮助他完成这项工作，他们约定在当年夏天，艾伦放暑假回来后，共同来完成这项任务。

夏天刚开始，盖茨去了华盛顿特区，当了一名众议院服务员。这份工作是他父母通过国会议员布罗克·亚当斯找到的。盖茨很快就显露出了他的经商才能。他以每枚5美分的价格买进5000枚麦戈文—伊格尔顿纪念章。当麦戈文把伊格尔顿挤出总统候选人名单时，盖茨就以每枚25美分的价格出售了这些日见稀少的像章，从中赢利几千美元。

当国会夏季休会时，盖茨回到西雅图，与艾伦一起进行设计课程表的工作。他们利用上次同信息科学公司的交易中得到的免费电脑来进行这项程序设计，同时湖滨中学也为设计课程表的电脑支付了费用。任务完成后，他们获得了2000美元的酬金。与信息科学公司的那笔交易相比，这只能算是为母校做贡献，当然，这也是盖茨和艾伦愿意做的。

课程表软件设计取得成功后，盖茨又继续寻找其他机会赚钱。他给周围的学校发函，表示愿意为它们设计课程表程序，并愿意提供9.5折优惠。

他在联络信中说："我们应用了一种由'湖滨'设计的独特的课程管理电脑系统，我很荣幸地向贵校推荐这一产品，服务上乘，价格优惠——每个学生收费22.5美元。望有机会进一步与贵方商洽此事。"

可惜，他的业务联系并未取得效果，因为不是每个学校都需要这种服务。

后来，比尔·盖茨终于揽到了一笔生意——为华盛顿大学实验学院设计一套学籍管理软件。他这笔生意是跟华盛顿大学学生管理协会洽谈的，正好他的姐姐克里斯蒂娜是该协会成员之一。当学校的报社了解到她的弟弟是该项设计的承接人后，便指责管理协会以权谋私。结果，盖茨只从这项设计中赚得很少的钱，大约只有500美元。

盖茨虽然聪明，但以他当时的电脑水平，肯定不会有多了不起，但他追求成功的欲望是如此强烈，遇到机会绝不放过，这也是他能取得如今的成就的重要因素之一。

很多事就是这样，当你有达到某一目的的强烈愿望，并以这种愿望作为行动的内驱力时，就极有可能达到目的。

如果达成目的的愿望不够强烈，一遇到不顺利就退缩不前，又怎能步入后面的顺境？而具有坚定信念的人，眼光盯着自己的目标，不以一时一事动摇自己的决心。这样，将逆境闯过去，在顺利时求发展，自然能一步一步地走向成功。

同时，上例也告诉我们，敢想敢做敢于尝试，才能取得成功。与其不尝试而失败，不如尝试了再失败，不战而败是一种极端怯懦的行为。如果想成为一个成功者，就必须具备坚强的毅力，以及勇气和胆略。当然，敢冒风险并非铤而走险，敢冒风险的勇气和胆略是建立在对客观现实的科学分析基础之上的。顺应客观规律，加上主观努力，力争从风险中获得利益，这是成功者必备的心理素质。

2. 坚持创新，成功没有不变的模式

在这个竞争激烈的社会里，成功其实没有固定的模式，有时候，我们换一种思路就会发现一个崭新的天地。在这样的情况下，我们不应该固守惯有的成功模式，要懂得变通。

成功没有一成不变的模式

日本有家大公司准备从新招的3名雇员中选出一位最优秀的人做市场销售代表，但在此之前，公司要例行公事对他们进行"魔鬼训练"，以弄清楚

到底谁是最合适的人选。

公司将他们从公司所在地横滨送往陌生的广岛，要求他们在那里过一天，公司给了他们每人一天的生活费用2000日元。最后谁剩的钱多，谁就会成为公司的市场销售代表。

想剩是不可能的，每日2000日元只是当地的最低的生活标准。要知道，在广岛，一杯绿茶要300日元，一听可乐要200日元，最便宜的旅馆一夜要2000日元……也就是说，他们手里的钱只能让他们在睡觉和吃饭中选择一个，除非他们在天黑之前能够让这些钱生出更多的钱。更重要的是，他们必须单独生存，不能合作，更不能给人打工。

第一位雇员非常聪明，他花500日元在街边买了一副墨镜，然后用剩下的钱买了一把二手吉他。他拿着这些来到广岛最繁华的地段扮起了"盲人卖艺"，半天下来，他赚到了不少钱。

第二位雇员也非常聪明，他用500日元做了一个募捐箱子，也放在那个最繁华的地段，箱子上写着这样一行字："将核武器赶出地球——纪念广岛灾难53周年暨为加快广岛建设大募捐。"他还用剩下的钱雇了两个口齿伶俐的广岛学生为自己做现场宣传讲演，不到中午，他的大募捐箱就装满了钱。

第三位雇员没有像前两人那样做，而是找了个小餐馆，要了一杯清酒、一份生鱼、一碗米饭，美美地吃了一顿，等他吃完，他的1500日元就没有了。不过他似乎并不是很在意，而是钻进一辆被废弃的本田汽车里甜甜地睡了一觉……

第一个雇员和第二个雇员的运气很好，一天下来，他们得到了不少的钱。但没想到的是，傍晚时分，一名有络腮胡子、佩戴胸卡和袖标、腰挎手枪的城市稽查人员出现在了他们面前，他摘掉了第一名雇员的眼镜，摔碎了对方的吉他，撕破了第二名雇员的箱子并赶走了他雇佣的广岛学生。最后，他没收了他们的"财产"，还收缴了他们的身份证。

第一个雇员和第二个雇员无法，只好想方设法借了点路费，狼狈地返回了总公司。而这时，离规定的时间已经晚了一天，更让他们惊骇的是，那个所谓的"稽查人员"已在公司恭候了！

原来，他就是那个吃饭、睡觉的第三个雇员。他用150日元做了一个袖标和一枚胸卡，然后花350日元买了一把旧玩具手枪和一把化妆用的络腮胡子，用1500日元吃了顿饭，但他却拥有了前两人所弄到的所有钱。

这时，公司的国际市场营销部总课长走出来说了这样一番话："企业要生存发展，要获得丰厚的利润，就要会吃市场，而且懂得怎样吃掉市场。"

竞争是十分残酷的，在竞争面前，没有人可以完全避免风险，也没有人可以按照常规制胜。按常理来看，第一个雇员和第二个雇员做得很好，他们有效地利用手中的资金赚到了钱，但他们却只看到市场而忽略了竞争者。第三个雇员懂得成功可以有很多种模式，当他的对手在劳碌的时候，他却在养精蓄锐，然后用另一种模式出其不意地吃掉了对手，最终取得了成功。

因此，当你为无法取得成功而苦恼的时候，你要知道，并不是你没有那个潜质，而是你还没有找到合适的成功模式。

真正的创新力并不是指可以推出一种新产品的技术能力，而是指以市场为前提，将创新意识应用到实际工作中的能力。所有的创新作为都是由创新思维决定的，有了这样的思维能力，才有可能产生创新的愿望，进而学会创新、实施创新。

创新的思维方式可以全面作用于管理者的工作范围，不论是在研发新产品、制订营销新策略还是在推行降低成本新措施等方面都能大力创新，取得持续进步。

要想取得创新力，就必须从应用创新意识上着手了解并加以练习。

第一，继往才能开来。

创新不是脱离现有的实际，也不能脱离现有的实际。创新不是凭空而来的创造，而是在现有实际的基础上发现新的能改善现状的方式方法。创新的重要前提就是尊重过去，过去的发展历程会呈现出一系列的成果、问题及教训。只有以这些过去为基础，才能作出适当的创新，这就要求管理者回到过去找线索。

第二，自动自发创新。

创新不是说等组织给出要创新的指示再着手开始创新,这样的创新只能是形式化的,没有多大效能。创新是遍布在各处的——全面的工作范围、各个工作环节、随时随地的机会等。管理者需要锻炼出一双善于发现创新机会的眼睛,能细心观察到潜在机会并随时判断形势变化,积极主动地去发现并抓住机会,实施创新。

第三,从问题中创新。

问题发生了,管理者是否还在一味地责罚下属却没有思考究竟是什么原因导致问题的发生?是员工自身的工作态度问题还是工作程序本身存在漏洞?一个有洞察力的管理者应该将问题视为警示和创新机会。问题的出现就是在警示管理者某种途径或某个员工工作态度存在不妥。一味地责罚下属不能真正解决根源问题,问题的反面就是创新机会,有创新力的管理者在问题面前会尝试多种可以最快最好地解决问题的新方法。

第四,敢于挑战权威。

如果一个管理者只是延承之前全部的传统做法进行管理,而不管其是否有益于发展,而且视领导的经验、指示为最高准则,那么他就不是一个具有创新力的管理者。组织每一个阶段的发展都不可能和之前完全一致,传统模式往往会成为新发展的阻碍。革故才能鼎新,要使组织保持不断发展的劲头,管理者就必须在那些需要"革故"的领域进行创新。创新就需要管理者敢于挑战权威,从组织的长远利益出发,而不是以权威为准则。

第五,由易而难地创新。

创新不是革命,不是一举就能定江山。经过实践检验你会发现,一些看似惊人的、巨大的创新只是技术更新,并没有带来多大的利益收获;而一些由易而难的持续创新却能给组织带来源源不断的收益。

第六,传播创新力。

创新力是可以通过学习拥有的,它也可以被传播。一个人的创新力不应该只体现在自身,更应该体现在将创新力传播给身边人,企业管理者更是要让每个员工都具备应用创新意识的能力,在工作中积极自主地作出创新。所以,管理者应力争让每个员工在创新中得到成功的喜悦,使得创新成为这个组织的强有力的文化组成部分。

创新能力是竞争优势的重要因素

其实创新本身并不困难，难的是敢于创新和坚持创新。大多数企业宁愿就地徘徊也不愿意尝试创新，是因为害怕得不偿失。创新有一定的冒险性，它不能保证一定成功。但是，比创新失败更可怕的是企业原地踏步，甚至毫无预兆地被市场淘汰。

对企业来说，创新就是企业利用市场的潜在赢利机会，以获取商业利益为目标，重新组织生产条件和要素，建立起效能更强、效率更高和费用更低的生产经营方法，从而推出新的产品、新的生产(工艺)方法，开辟新的市场，获得新的原材料(或半成品)供给来源或建立企业新的组织，它包括科技、组织、商业和金融等一系列活动的综合过程。

对应上面企业创新的概念，企业创新的表现可以归纳成以下3个方面。

第一，善于发现潜在的创新机会。

时刻关注行业动态，洞察发展趋势，迅速察觉变化和意外情况中隐藏的机会。对每个企业来说，机会都是均等的，那些看起来运气好的企业，其实只是比其他企业更早地发现了有利机会而已。

1936年，摩托罗拉创始人高尔文在欧洲旅行，那时候战争即将爆发。接着，两年的萧条时期让高尔文意识到战争中必然需要相关的设备，他的公司便开始研制军用收音机。1940年，《芝加哥每日新闻》的编辑打来的一个电话，给公司送来了一个机会：奥尔斯康辛州麦克伊营地的军队需要无线电通信设备。高尔文立刻派工程师唐米切尔和类约翰去实地考察，发现士兵随身带着非常笨重的通信设备，行军不便。于是，公司决心要制造出更轻巧方便的通信设备。

第二，改进成果。

在生产过程中，建立效能更强、效率更高和费用更低的生产经营方法，持续使用各种新的方式方法，改善原有的生产和管理途径，提高效率并节约成本。

摩托罗拉公司在研究更加轻便的通信设备时，遇到了一个难题。如果使用天线，很容易被敌人发现，他们必须找到一种抗腐蚀的、不反射的金属材质做零件。经过一系列努力改进，他们最终完成了手持无线电话机。

第三，开创新市场。

创新不是毫无方向的付出，其结果必须具备市场价值，才能使企业受益。企业的创新是要满足顾客的新需求、提升满意度。开发新的产品、引进新的原材料或使用新的工艺都要以市场为前提。

20世纪70年代，曾宪梓发现中国香港正盛行西装，当时有着"着西装，捡烟头"的说法，就是说连捡烟头的穷人都穿着西装。但是，当时香港只有一些进口的昂贵的领带。曾宪梓意识到："中国香港有400万人，假如一个人有一套西装，那么领带的销量将前途无量。"

竞争优势并不是由企业规模的大小决定的，创新能力才是竞争优势的重要因素。创新能使小企业具备相当的竞争优势，并迅速壮大自身；创新能使企业变成行业的领头羊。一项新产品推出后，竞争对手往往需要一段时间才能追赶到差不多的水平，而企业如果能在此时将另一项更好的新产品投入市场，就会把竞争对手远远甩在身后。

通用汽车公司的优秀设计师这样说过："当人们还在喜欢A型车时，我们已经在向经销商运出B型车了，工厂则在生产C型车，而技术部则在设计D型车。"

一个企业家回忆道："有一件事给我留下了深刻的印象。1922年的一天，我正朝达顿通用发动机公司的实验室走去，当我从一些被抛弃的建筑群前面走过时，我问这些建筑群原来是做什么的。达顿的一位朋友回答说，在这些巨大的建筑物里，巴尼和史密斯公司制造了世界上大部分的木式火车车皮。当钢式车皮问世以后，他们还继续制造木式车皮，所以这两个公司被淘汰了。"市场变化是一个多么残酷的事实。

有些企业一直提供固有产品，即使在市场大幅缩水的情况下也坚持投入产出，这样的企业很可能在一夜之间被市场抛弃。BP机、磁带、录像带都曾普遍为人们所欢迎，但技术的更新使产品推陈出新，人们的新需求得到不断满足的同时，旧有产品也遭到了冷落，相关企业纷纷面临损失惨痛甚至倒闭的局面。即使一些旧产品现在仍然被延续使用，但它的地位和作用已经远不能和从前相比。

对于企业来说，尽管某项产品一直是其优势，但是放在市场环境下，很可能明天就会被淘汰。研究表明，新产品在销售份额中的比例日渐上升，它能为企业带来丰厚的收益和不断向前发展的动力。如果把市场看成是波涛汹涌、变化无常的江河，那么创新就是企业的救生衣，它使企业紧跟市场的发展与变化，避免被市场抛弃。

市场发展有着它特有的时代特征，现今消费者越来越强调产品的个性化和多样化，他们不再满足于某商品只有一种颜色、造型或相关配置，他们需要的是令人惊喜的多样选择。小到T恤大到汽车，都在变得日益个性化，越来越多的商品推出个性定制和个人服务。这些都必然要求持续创新以实现改变，应对现在纷繁多变的市场要求。要做到这些，须注意以下几点。

第一，防止自满情绪。

企业是客观物体，不具备人格特征，自然也就不会出现人类的情绪。但操控企业的是人，人的自满情绪会影响企业的发展。

曾经有一位作家，写出了一本脍炙人口的小说，受到了极大的赞誉。于是，他终日忙于为这本书作演讲、分享写作经验。后来，他才遗憾地发现，自己一辈子只写了一本书，其他的精力都浪费在了享受过去的成果带来的荣誉上。作家可以只对自身负责，但对一名管理者来说，他的自满情绪不仅会对自身的工作和发展造成负面影响，更会感染到他的员工、伙伴，最终导致整个企业发展趋缓。

一家具有相当可观的发展前景的化工厂，通过一段时间的技术创新，取得了一项专利，投放市场后，赚取了大笔利润。该厂负责人感到十分满意，专门为这个专利定做了各种荣誉宣传牌。可惜好景不长，不到一年半的时间，该技术就被突破了，其市场占有率迅速缩水，该化工厂几乎面临倒闭的局面。

人们总会不知不觉地放松了对创新的要求，所以大多数时候，自满不易被发觉。管理者必须提高自省能力,周期性地反思创新进度、创新程度。

第二,强化忧患意识。

企业过度关注自身发展,很容易形成短视。当企业取得一定成绩时,人们往往会把关注点都集中到企业内部,而忽视外部竞争对手的变化。企业会在一段时间内独享创新的成果,但稍不注意就会出现大量的效仿者、竞争者。这个速度是飞快的,甚至是超出预想的,企业很容易在短时间内丧失优势。

时刻强调竞争的激烈性,时刻强化忧患意识,"永远战战兢兢,永远如履薄冰",才能使企业在取得成绩时,清醒冷静地对待客观形势。创新是竞争优势的重要因素,要想保持自己的优势地位,不被他人赶超,就不能放松创新。

第三,学习新知识。

创新不是静止的,而是不断更新的。加强新知识的学习,一方面可以改进原有的创新成果,另一方面可以引发新的创新。

创新成果应用到实际工作中不一定就是尽善尽美的,它可能仍然存在一些需要改进的地方。通过新知识的补充,人们可以进一步完善和加强原先的成果,使其更加有利于实际操作。创新是不会自动生成的,学习新知识的过程也可以引起人们新的思考。人们应该将学习新知识看成是创新的有效来源之一。

打破思维定势,思路决定出路

在一间空屋子内,水泥地面上垂直地埋放着一尺左右长的一段底端封闭的钢管。钢管的内径略大于一只乒乓球的外径,恰好有一只乒乓球落在钢管的底部。有下列工具可以选择:

50米长的晒衣绳,一把木柄铁锤,一把凿子,一把钢制锉刀,一只金属晒衣架,一只电灯泡。

要求是把乒乓球从钢管中取出,但不准弄坏地面、钢管和乒乓球。

在这次比赛中,第一队想到的解决方法是:用锉刀把金属衣架锉断,然后把断开的两端磨平，做成一把大镊子，用这把大镊子把乒乓球夹出来。第二队的解决方法是：用锉刀把铁锤的木柄锉成木屑，将这些碎木屑慢慢填进钢管，使乒乓球一点点地"浮"上来。

其实，这两队的解决方法都比较新颖独特，但都不是最简便、最有创造力的。更简单的方法是往钢管里小便，无需任何工具就能使乒乓球浮上来。

你是否想到了这个方法呢？如果没有想到，原因何在？这就涉及到了一个文化禁忌的问题。在我们的文化中，是鼓励在厕所里小便而不是在其他的场合。

这个小实验告诉我们，这种来自文化方面的禁忌会限制人们的思路，这就从无形中排除了许多本可以想出来的好办法。

一家化学实验室里，一位实验员正在向一个大玻璃水槽里注水，水流很急，不一会儿就灌得差不多了。于是，那位实验员去关水龙头，可万万没有想到的是，水龙头坏了，怎么也关不住。如果再过半分钟，水就会溢出水槽，流到工作台上。水如果浸到工作台上的仪器，便会立即引起爆裂，里面正在起着化学反应的药品，一遇到空气就会突然燃烧，几秒钟之内就能让整个实验室变成一片火海。实验员们面对这一可怕情景，惊恐万分，他们知道谁也不可能从这个实验室里逃出去。那位实验员一边去堵住水嘴，一边绝望地大声叫喊起来。这时，实验室里一片沉寂，死神正一步一步地向他们靠近。就在这时，只听"叭"的一声，大家只见在一旁工作的一位女实验员，将手中捣药用的瓷研杵猛地投进玻璃水槽里，将水槽底部砸开一个大洞，水倾泻而下，实验室立时转危为安。

在后来的表彰大会上，人们问她，在那千钧一发之际，怎么能够想到这样做呢？这位女实验员只是淡淡地一笑，说道："当我们在上小学的时候，就已经学过了这篇课文了，我只不过是重复地做了一遍。"

这个女实验员用了一个最简单的办法来避免了一场灾难。《司马光砸缸》我们都学过，砸缸救人，关键在于舍缸，破缸求命。但多数人的思维都是先想得，而不是先想到舍。殊不知，舍弃有时也是一种智慧。舍放前，得放后，最终是小舍小得、大舍大得、不舍不得。

其实，这个"缸"就可以看作我们的惯性思维。很多时候，我们对很多机会视而不见，只因我们被自己的思维束缚住了。这个时候唯有打破，才能放飞我们的思维，进入一个新天地。

大家都知道，广告，广告，广而告之。平面广告得有内容，广播广告得有声音，电视广告得有画面，这是所有人的惯性思维。巴黎一银行新开业，想迅速打开知名度，准备在电台做广告。一般做法是宣传一下，搞个大促销，或者请个名人推广。但他们并没有采用这些"一般"的方法。他们认为，要想快速获得知名度，就得出位，明显的差异化才会赢得关注。

于是，他们买断了巴黎各电台的黄金时段10秒钟，向人们提供沉默时间。他是这样宣传的："听众朋友，从现在开始播放由本市国际银行向您提供的沉默时间。"然后整个纽约所有电台都沉默了。听众被这莫名其妙的10秒钟激起了兴趣，纷纷开始讨论；各大媒体也争相报道，成了热门话题。

这家银行彻底打破了惯性思维，它告诉世人，谁说广播广告非得在那大费口舌。这个沉默时间以自己的不说话引得所有人说话。

《孙子兵法》有云："以正合、以奇胜。"奇招绝对不是常规的方法，肯定是创新的方案，超出对手的想象和预测，打破了惯性思维进而才能有出奇制胜的效果。

总之，在变化速度不断加快的年代，不仅要关注和追赶变化的步伐，更要鼓励使用创新的方法，使自己变得更快、更好、更异。这个时代，永远是创新的企业能走在前端，创新的个人更易于进入公众的视野，获得更多的机会。

3. 坚持勇气，财富英雄都是有胆有识的人

想成功，必须具备胆量和勇气。人生就是一场赌局，愿赌服输是一种风度，一种境界。既然选择了，就必须赌下去，不能患得患失、瞻前顾后，更不能因此而失去理智，迷失心性。

人生的输赢，不是一时的荣辱成败所能决定的，今天赚了，不等于永远赚；今天赔了，只是暂时还没赚。任何时候，过人的胆识和胸怀都是一个人最重要的品质，坚持到底就是胜利，做生意是这样，做人是这样，做任何事情都是这样。只有如此，才能禁得起经济战场中的枪林弹雨，成为活着出来的那一个，成为发家致富的"王者"。

真正的勇气就是秉持自己的意见，不管别人怎么说，只要确定你是对的，就坚持你的信念，无怨无悔。

要有"敲门就进去"的勇敢

什么是勇气呢？它是产生于人的意识深处的对自我力量的确信，是对我们的能力能压倒一切的信念，是相信自己可以面对一切紧急状况，处理一切问题，并能控制任何局面的信心。任何一个不相信自己的人都不会成为勇敢的人。

勇气是世界上最好的精神药物。如果你以一种充满希望、充满自信的精神进行工作，如果你期待着自己的伟业，并且相信自己能够成就这番伟业，如果你能展现出自己的勇气，任何困难都不能阻挡你向前进。

欲求成功与财富，离不了"冒险"与"拼闯"。当你面临新事物、新机遇叩门而至时，你将如何以待呢？首先应积极评估投入进去后有可能发生的后果，如若评估预测值表现为"良"，你就不妨尝试"搏"一回。冒险并不一定意味着失败，其中蕴含的成功意义占较大比例。

一个女孩经历了诸多的挫折，始终没有找到一个成功的入口。迷茫的她，给自己放了个假，带着灰色的心情去美国旅游。

一天，她在旧金山市政厅参观的时候，难得兴致高涨，信步漫游。不知不觉，她来到了市长办公室的门口，她不假思索地敲了敲门，一个壮实威严的保镖走了出来，惊问道："小姐，我能帮你什么吗？"她愣住了，一时不知该怎么回答，顿了几秒钟，心想：既然敲了门，那就进去看看吧。于是，她精神十足地对保镖说："我能进去看看市长吗？"

保镖上下仔细打量了她一番，说道："请稍等片刻。"说罢，他用监视器和市长通话,确定见面的时间和地点。不一会儿,那个胖嘟嘟的市长便大腹便便地走了出来,很高兴地和她一起聊天、拍照,就像一对早已认识的忘年交。

那一次,是她旅行中最开心、感觉最好的一天,因为她悟出了一个道理:敲门就进去。

结束了美国之行后,她顺着自己的感觉义无反顾地走下去,终于找到了成功的入口,成为了国内某知名证券公司银行部的经理。

她就是央视《说名牌》双胞胎美女主持人之一——马嵘乔。

敲门就进去,是一种难得的精神,更是走向财富的敲门砖。遗憾的是,有的人在敲响一扇门之后,心里忐忑不安、信心全无,不是迈步进去而是转身离去。既然敲了门,既然迈开了步子,为什么就不进去呢? 是勇气不够使然。长此以往,机会只会在眼前闪现片刻,即消失得无影无踪,成功的入口永远是未知数。

长时间的坚持固然重要,但接近终点时,一念之间的决断更为紧迫和珍贵。我们也许能够忍受长途跋涉的艰辛,但关键时刻,缺乏的正是敲门进去的勇气。

瞻前顾后痛失良机,雷厉风行撞开财富之门

我们今天正处在一个充满挑战也充满了机遇的时代,关键就看我们能不能抓住机遇,从而干一番轰轰烈烈的事业。

机遇是一个美丽而性情古怪的天使,她倏尔降临在你身边,稍有不慎,她便会翩然而去,不管你怎样扼腕叹息,她都不会再复返了。

"通往失败的路上,处处是错失了的机会。坐待幸运从前门进来的人,往往忽略了从后门进入的机会。"这是一句在当今美国流传得十分广泛的谚语。

如果你询问那些在财富路上跋涉的人们,为什么他们至今没有在他们所从事的行业中获得更大的成就时,其中90%的人会告诉你,他们没有成功的原因是未能获得好机会。可事实果真如此吗? 如果你对他们进一步观察,你就会发现,他们中的大多数人都在不知不觉中放弃了来到他们面前的好机会。

由贫穷走向富裕需要的是把握机会,而机会是平等地铺在人们面前的一条通道。只有懂得珍惜它的人才知道它的价值,只有持之以恒地追求它的人才能受到它的青睐。

在生活中,有人常常抱怨命运的不公,抱怨没有机遇,但是,每当机遇来临之时,他却又变得畏首畏尾、裹足不前,甚至会在机遇面前变成一个懦夫。

世间最可怜的,是那些做事举棋不定、犹豫不决、不知所措的人,是那些自己没有主意、不能抉择的人。这种主意不定、意志不坚的人,难以得到别人的信任,也就无法使自己的事业获得成功。

优柔寡断的人,不敢决定每一件事,他们拿不准决定的结果是好还是坏,是凶还是吉。有些人的本领不差,人格也好,但就是因为寡断而错过了很多好机会,一生也未能成功。善于决断的人,即使会犯些小错误,也不会给自己的事业带来致命的打击,因为他们对事业的推动总比那些胆小狐疑的人敏捷得多。站在河边呆立不动的人,永远不可能渡过河去。心中一旦有了得失的羁绊,有了失败的担忧,便会事事瞻前顾后、无所适从,结果反倒把许多好机会都丧失了、错过了。

4. 时刻准备好,机遇偏爱有准备的头脑

穷人中不乏年轻聪明、壮志凌云的人,也不是所有人都想庸庸碌碌地贫困一生,他们并不缺少渴望财富的野心。然而,他们却常常在抱怨自己没有机会:"那个著名的苹果为什么没有掉在我的头上?那只藏着'老子珠'的巨贝怎么就产在巴拉旺而不是在我常去游泳的海湾?"

事实果真如此吗?财富之神无可奈何地叹道:"我也想成全你,照样给你掉下一个苹果,结果你把它吃了。我决定换一个方法,在你闲逛时将硕大

无比的卡里南钻石偷偷放在你的脚边,将你绊倒,可你爬起后,怒气冲天地将它一脚踢下了阴沟。"

穷人的穷难道仅仅是因为没有机会吗?

有人总在埋怨没有赚钱的门道,没有致富的机会,其实,他们首先应该想想,自己是否有强烈的赚钱意识?脑海里是否时时刻刻在想着赚钱?成功的灵感不是凭空产生的,而是靠强烈的成功欲望酿制的。

法国生物学家、化学家巴斯德曾说:"机遇只偏爱那些有准备的头脑。"

法国细菌学家尼科尔说:"机遇垂青那些懂得怎样追她的人。"

洞察财富的先机

中国有句古语:凡事预则立,不预则废。意思是说,在做任何事时,事先具有准备和预见是成败的关键。而要具有正确的预见,就必须具备超前的思维。只有想在他人前面,才能做在他人前面。

在充满竞争的当代社会里,只有超前,才能把握时机;只有超前,才能获得发展;只有超前,才能使自己立于不败之地。如果说能预知三天之后发展变化的是聪明人,那么能预知三年之后发展变化的人就是伟大的人。

美国有一家规模不大的缝纫机厂,在第二次世界大战中生意萧条。工厂老板杰克看到战时百业俱凋,只有军火是个热门,而自己却与它无缘。于是,他把目光转向未来市场,他告诉儿子,缝纫机厂需要转产改行。

儿子问他:"改成什么?"

杰克说:"改成生产残疾人用的小轮椅。"

儿子当时大惑不解,不过还是遵照父亲的意思去办了。经过一番设备改造后,一批批小轮椅面世了。这时战争刚刚结束,许多在战争中受伤致残的士兵和平民纷纷前来购买小轮椅。杰克工厂的订货者盈门,该产品不仅畅销美国,还远销国外。

儿子看到工厂生产规模不断扩大,财源滚滚,在满心欢喜之余,不禁又向父亲请教:"小轮椅不能继续大量生产,因为市场需求快要饱和了。未来的几十年里,市场又会有什么新需要呢?"

老杰克早已成竹在胸，反问儿子："战争结束了，人们的想法是什么呢？"

"人们对战争已经厌恶透了，希望战后能过上安定美好的生活。"

"那么，美好的生活靠什么呢？要靠健康的身体。将来人们会把身体健康作为重要的追求目标。所以，我们要为生产健身器做好准备。"他进一步指点儿子。

于是，生产小轮椅的机械流水线，又被改造成了生产健身器。最初几年，销售情况并不太好。这时老杰克已经去世，但是他的儿子坚信父亲的超前思维，仍然继续生产健身器。结果，就在战后十多年左右，健身器开始走俏，不久便成为热门货。当时杰克健身器在美国只此一家，独领风骚。老杰克之子根据市场需求，不断增加产品的品种和产量，扩大企业规模，终于使杰克家庭进入到了亿万富翁的行列。

老杰克每次都准确地预见了未来的市场变化，为了抓住一闪而过的机会，他早早地做好了充分的准备，财富之神果然没有让他失望。

一个真正想成功的人，只求抓住机遇是不够的，还应当学会创造机遇。能够主动创造机遇的人，是这个世界的强者。能够主动发现机遇、抓住机遇、创造机遇的人，往往都具有敏锐的洞察力和预测能力。

甘布士在令人担忧的经济萧条时期，把自己全部的积蓄都用来收购一个个倒闭的工厂和抛售的低价货物，并租了一个很大的货仓用来贮货。

人们见到他这股邪劲，都嘲笑他是个大笨蛋，就连他的妻子也劝他，如果此举血本无归，后果将不堪设想。对于妻子的忧心忡忡，甘布士笑着安慰她："3个月以后，我们就可以靠这些廉价货物和厂子发大财了。"

甘布士的话似乎根本无法兑现，因为经济形势越来越糟了。当贱价抛售也找不到买主时，很多存货厂便把所有存货用车运走烧掉。他妻子见状不由得焦急万分，抱怨起甘布士来。对于妻子的抱怨，甘布士一言不发。

终于，美国政府采取了紧急行动，稳定了物价。由于大量的抛弃烧毁，货物开始短缺，物价直线上升。在甘布士决定抛售货物时，妻子劝他再等一等，他却平静地说："是抛售的时候了，再拖延一段时间，就会后悔莫及。"

果然，甘布士的存货刚刚售完，物价便跌了下来。妻子对他的远见钦佩不已。后来，甘布士用这笔赚来的钱，开设了5家百货商店。最终，经过自己不懈的艰辛努力，他成了全美举足轻重的商业巨子。

从上面两个财富的经典佳话，我们可以看出，要想及时准确地把握机会，你必须具备两个必要的条件：其一，你应该具有长远的目光，即超前思维，不要鼠目寸光；其二，你必须锲而不舍，持之以恒的毅力和百折不挠的信心是必不可少的。

假如你具备这两个要素，看准时机并把握它，紧接着付诸行动，那么终有一天，它将变成现实的财富。

谋财之道更像一场马拉松赛跑而不是百米冲刺，前100米领先者不一定就能成为全程的冠军，甚至不可能跑完全程。在这遥远的征途上，你的准备和积累将会起到决定性的作用。如果你自觉先天不足而又已然踏上征程，那就更要格外注意随时给自己补充营养。牢牢记住，把眼光放得长远一些，准备好到达终点之前的一切。

不忽略任何一个财富的细节

应该说，每一件小事都蕴藏了无数的机会，只要你用心去观察，并且行动起来。在你看来，也许仅是微不足道的小事，于有心人而言就是难得的机遇。

日本人重松富生以前曾在东京一家广告公司供职。有一年，他去台湾旅游，在那里，他听到一位台湾朋友提到番石榴和它的嫩叶对治疗糖尿病和减肥有效。说者无意，听者有心，兴奋的重松一下子逮住了这个信息。

重松从台湾回来时将番石榴和它的嫩叶带回了日本，还专门请了医生进行分析和试验。试验的结果，证实了台湾朋友所言的效果。

于是重松借来200万日元，在东京开设了糖尿病及减肥食品公司。公司在台湾等地大量收购番石榴和它的嫩叶，经过干燥处理，将其加工成如同茶叶一般，可泡成开水喝，而且味道清香爽口，别有风味。产品刚投放到市场就受到了欢迎，人们对这种既能治病又能减肥的产品格外青睐，尤其是那些一心想保持苗条身材的妇女竞相购买，一下子兴起了饮用热潮。重松由此大发了一笔，第一月销售为500万日元，以后与日俱增，每月高达2000多万日元。

香港有"假发业之父"称号的刘文汉则是靠餐桌上的一句话抓住机遇的。

1958年，不满足于经营汽车零配件的小商人刘文汉到美国旅行，考察商务。有一天，他到克利夫兰市的一家餐馆同两个美国人共进午餐，美国人一边吃，一边叽哩哇啦谈着生意经，其中一个美国人说了一句只有两个字的话："假发"。刘文汉眼睛一亮，脱口问道："假发？"美国商人又一次说道："假发！"说着便拿出了一个长的黑色假发表示说，他想购买13种不同颜色的假发。

像这样餐桌上的交谈，只不过是商场上普通的谈话，一句只有两个字的话，按说也没有什么特殊的意义和价值。但是，刘文汉凭着他那敏捷的头脑，很快就作出判断：假发可以大做一番文章。这顿午餐，竟成了刘文汉发迹的起点。

他经过一番苦心的调查了解发现，一个戴假发的热潮正在美国兴起，这在刘文汉面前展现出了一个十分广阔的市场。他一回到香港，就马不停蹄地开始了制造假发的原料来源的调查。他发现，从印度和印尼输入香港的人发(真发)制成各种发型的发笠(假发笠)，成本相当低廉，最贵的每个不超过100港元，而售价却高达500港元。刘文汉喜出望外，算盘珠一拨，立即做出决定：在香港创办工厂，制造假发出售。

但是，制造假发的专家到哪里去找呢？刘文汉又陷入了苦恼和焦虑之中。一天，一位朋友来访，闲谈中提到了一个专门为粤剧演员制造假须假发的师傅。刘文汉不辞辛苦地找到了他，可是，这位高手制造一个假发，需要3个月的时间，这样怎么能做生意？怎么办？刘文汉的思路没有就此停住，他在头脑中飞快地将手工操作与机器操作联系起来，终于想出了办法。把这位独一无二的假发专家请来，再招来一批女工，精通机械之道的刘文汉又改造了几架机器，他手把手地教工人操作，由老师傅把质量关，发明与生产同步进行，世界第一个假发工厂就这样建成了。各种颜色的假发大批量地生产出来，消息不胫而走，数千张订货单雪片般飞来，刘文汉兜里的钞票也与日俱增。到了1970年，他的假发外销额突破10亿港元，并当选为香港假发制造商会的主席。

如今，我们处在一个信息爆炸的时代，机遇就来自这浩如烟海的资讯。有时，一句话，一则消息，一件微不足道的小事，就包含着难得的机遇，关键看你如何对待它，能不能及时抓住它。

5. 耐心坚持，用汗水和时间赢来经年的回报

机遇最初是空白的，如果能力能够让我们跑得足够快，那我们可以快速地去竞争面前的机会；可一旦能力有限，无论如何努力都落在其他人的后面，倒不如耐心发掘身边的土地，种植自己的果树，只要汗水够了、时间够了，赢来的可能就是经年的回报。

主动出击的人，容易俘获机遇

机会是现成的吗？就像河塘里的鱼只等着你去捕捞？不，很多时候，你是看不到机会的，这里需要的是你的主动。你要自己动手，创造机会，哪怕这种可能性只有万分之一。等待机遇到来才做事的人，永远不会成功。

一位经济学专家站在讲台上，给自己的学生讲述自己的亲身经历：

"我刚到美国读书的时候，在大学里经常有讲座，每次都是请华尔街或跨国公司的高级人员讲演。每次开讲前，我周围的同学总会拿一张硬纸，中间对折一下，让它可以立着，然后用颜色很鲜艳的笔大大地写上自己的名字，再放在桌前。这样，讲演者需要听者回答问题时，他就可以直接看名字叫人。

"我当时不解，便问旁边的同学。他笑着告诉我，讲演的人都是一流的人物，当你的回答令他满意或吃惊时，很有可能就意味着他会给你提供很

多机会。这是一个很简单的道理，事实也如此，我的确看到我周围的几个同学，因为出色的见解，最终得以到一流的公司供职。"

在人才辈出、竞争日趋激烈的时代，机会不会自动找到你，只有敢于表达自己，展示自己，主动为自己创造机会，幸运之神才有可能青睐你。

举世著名的国际巨星席维斯·史泰龙，在尚未成名前是一个贫困潦倒的穷小子，当时他身上只有100美元，唯一的财产是一部老旧的金龟车，那是他睡觉的地方。

史泰龙心中有个梦想，就是成为电影明星。好莱坞总共有500多家电影公司，史泰龙逐一拜访，却没有一家公司愿意录用他。面对500多次冷酷的拒绝，他毫不灰心，回过头来又从第一家开始，挨家挨户自我推荐。第二次拜访，500多家电影公司当中，总共有多少家拒绝他呢？答案是500多家，仍然没有人肯录用他。

史泰龙坚持自己的信念，将上千次的拒绝当作是绝佳的经验，鼓舞自己又从第一家电影公司开始。这次，他不仅想争取自己的演出机会，同时还带了自己苦心撰写的剧本。可是第三次拜访，好莱坞所有的公司还是拒绝了他。

史泰龙先后总共经历了1855次严酷的拒绝，以及无数的冷嘲热讽。但天道酬勤，总算有一家公司愿意采用他的剧本，并聘请他担任自己剧本中的主角。就这样，一次机会奠定了他国际巨星的地位。

有些人总希望能有一个突然的机遇把自己送到天堂，眨眼之间功成名就。但事实上，只有一小部分机遇是靠侥幸得到的，更多的要靠自己的努力和实力去争取，主动去创造出来。机遇是珍贵而稀缺的，又是极易消逝的，你对它怠慢、冷落、漫不经心，它也不会向你伸出热情的手臂。主动出击的人，容易俘获机遇；守株待兔的人，常与机遇无缘，这是普遍的法则。你若比一般人更主动、更热情，机遇就会向你靠拢。

坚持下去，上帝会在最后一秒让你成功

机会是一种稍纵即逝的东西，而且机会的产生也并非易事，因此不可

能每个人什么时候都有机会可抓。机会还没有来临时,最好的办法就是等待、等待、再等待,在等待中为机会的到来做好准备。耐心等待机会,你就能在意想不到中获得成功。

传说,有两个人偶然与酒仙邂逅,一起获得了神仙传授的酿酒之法:米要端阳那天饱满起来的,水要冰雪初融时的高山流泉,把二者调和了,注入深幽无人处千年紫砂土铸成的陶瓷,再用初夏第一张看见朝阳的新荷覆紧,密闭七七四十九天,直到鸡叫三遍后方可启封。

就像每一个传说里的英雄一样,他们历尽千辛万苦,找齐了所有的材料,调和密封,然后潜心等待那个时刻。这是多么漫长的等待啊!

第四十九天到了,两人整夜都不能寐,等着鸡鸣的声音。远远地,传来了第一声鸡鸣,过了很久,依稀响起了第二声。然而,该死的第三遍鸡鸣迟迟没有来。其中一个忍不住了,他打开了他的陶瓷,迫不及待地尝了一口,瞬间惊呆了:天哪!像醋一样酸。大错已经铸成,不可挽回,他失望地把它洒在了地上。

而另外一个,虽然也是按捺不住想要伸手,但最终还是咬着牙,坚持到了第三遍鸡鸣响起。舀出来一抿,大叫一声:多么甘甜清醇的酒啊!

只差那么一刻,"醋水"没有变成佳酿。许多成功者,他们与庸人的区别,其实不是机遇或是更聪明的头脑,而只在于前者多坚持了一刻——有时是一年,有时是一天,有时,仅仅只是几分钟。

创富者若缺了"坚持"二字,随时都会有打退堂鼓的可能。因为在创富的过程中,可能遭遇到的挫折和困难绝不会少,若一遇即退,则很有可能在跳换几个行业后,便偃旗息鼓、改换门庭,一股创富热情亦会随之东流。

有一位商人,他最早是子承父业做珠宝生意的,可是他缺乏对珠宝行业的明察秋毫,没几年,他就把父亲交给他的珠宝店赔光了。

商场失意的他认为自己不是缺乏经商的才干,而是珠宝行业投资大,技术性太强,风险太大。而服装行业周期短,而且不需要太大的专业学问,因此,他决定改行做服装生意,并相信肯定能成功。于是,他变卖了仅有的一些家产,开了一家服装店。

过了3年，他的服装店已经没有资金进新款衣服了，已有的衣服也因价格高于相邻商家而无人问津，他又一次失败了。他意识到服装市场更新太快了，自己总是只能抓住流行的尾巴。当他以为一种新款刚开始流行，自己马上组织资金进货时，同行们的这种款式已经开始淘汰了。

之后，他变卖了服装店，用剩余不多的资金开了一家饭店。他想，这种简单的生意总不会再赔了吧。雇几个人做菜，客人吃饭拿钱，又不用多么大的流动资金。可是，他又错了，他眼睁睁地看着相邻的饭店里宾客盈门，而自己却门可罗雀。最后，连雇来的几个人也跑到别的饭店去了，只剩下他孤零零的一个人。

后来，他又尝试做了化妆品生意、钟表生意、印染生意，都无一例外地失败了。

当他60多岁时，灰白的双鬓使他相信，他没有丝毫经商的才能，一生的宝贵年华被失败消磨殆尽。他盘算了自己的家底，所有的钱仅够买一块离城很远的墓地。

彻底绝望的他心想，既然自己没有能力创造财富，就买块墓地给自己留着，等到哪一天一命归西，也算有个归宿。

这是一块极其荒僻的土地，有钱的人，甚至一些穷人也不买这样的墓地。

可是奇迹发生了，就在他办完这块墓地产权手续的第15天，这座城市公布了一项建设环城高速路的规划，他的墓地恰恰处在环城路内侧，紧靠一个十字路口。道路两旁的土地一夜之间身价倍增，他的这块墓地更是涨了好多倍，他做梦也没想到他靠这块墓地发财了。

他突然顿悟，自己为何不做房地产生意呢？说做就做，他卖了这块墓地，又购买了一些他认为有升值潜力的土地。仅仅过了5年，他便成了全城最大的房地产大亨。

这位商人的亲身经历给人的启示是深刻的。无数次的选择，无数次的放弃，却是一个小小的机遇改变了他的命运。很多时候，机遇就在财富的前方等待着，关键的是要耐心地等待和发现。

这样的事我们遇到过很多，一个人为一个目标苦苦守候了许多年，他后来实在坚持不住了，就不再等候了，结果，他刚走，机遇就出现了。有很多人努力了半辈子依然贫穷，就自动放弃了。其实，这个时候，财富距他只有一步之遥。

只要还留有一口气在，就永远不要放弃你的努力，机会就在你的手中，上帝或许会在最后一秒让你取得胜利。

阿呆和阿土是同一村庄两个老实巴交的渔民，都梦想着成为大富翁。有一天，阿呆做了一个梦，梦里有人告诉他对岸的岛上有座寺，寺里种有49棵朱槿，其中开红花的一株下埋有一坛黄金。梦醒后，阿呆满心欢喜地驾船去了对岸的小岛。岛上果然有座寺，并种有49棵朱槿。此时已是秋天，阿呆便住了下来，等候春天的花开。肃杀的隆冬一过，朱槿花一一盛放，但都是清一色的淡黄。阿呆没有找到开红花的那一株，庙里的僧人也告诉他从未见过哪棵朱槿开红花。于是，阿呆只能垂头丧气地驾船回到了村庄。

后来，阿土知道了这件事，也去了那座岛，并找到了那座寺。又是秋天，阿土也住下来等候花开。第二年春天，朱槿花凌空怒放，寺里一片灿烂。奇迹就在此时发生了：果然有一株朱槿盛开出了美丽绝伦的红花。阿土激动地在花下挖出了一坛黄金，他也由此成了村庄里最富有的人。

今天的我们为阿呆感到遗憾：他与富翁的梦想只隔了一个冬天。他忘了把梦带入第二个灿烂花开的春天，而那足可令他一世激动的红花就在第二个春天盛开了！阿土无疑是个聪明人：他相信梦想，并且耐心等待到了第二个春天！

每个人的人生都充满了梦想，都拥有自己的野心。然而，我们总是习惯于守候第一个春天，面对第一次的无果，我们往往会轻率地将第二个春天弃之于门外。殊不知，梦想之花垂青的总是那些有耐心、执著追求的人。

第七章 ■

社 交 篇

——坚持和比你优秀的人在一起

> 一个人失败的原因,90%是因为这个人的周边亲友、伙伴、同事、熟人大都是失败和消极的人。如果你习惯于选择与比自己低级的人交往,那么他们将在不知不觉中拖你下水,并使你的远大抱负日益萎缩。所以,要想成功,就需要摆正自己的心态,结交那些比你优秀的人,坚持和他们在一起。

1. 只有结交优秀的人,你才能为成功赢得优势

比尔·盖茨曾说:"我之所以成功,是因为有更多的成功人士在为我工作。"他的话阐述了这样一个真理:当下是一个共赢的时代,没有合作,成功便无从谈起。

世界著名激励大师安东尼·罗宾曾经说过:"我所认识的全世界所有的成功者最重要的特征就是创造人脉和维护人脉。人生中最大的财富便是人脉关系,因为它能开启所需能力的每一道门,让你不断地获得财富,不断地贡献社会。"

密切彼此的友谊,获得发展的机遇

在这个世界上,任何一项事业的成功都少不了人脉的协助。

想象一下,假如你离乡背井,初到他乡创业谋生,不知何处才是落脚地。就在你感到茫然无助的时候,突然遇到一两位好心人替你指点迷津,并且解决了你的难题,此时的你心中会洋溢出怎样的幸福?

成功学之父卡耐基说过:"成功=15%的技能+85%的人脉。"如果你善于经营,把你人脉网中的每一个人经营成你的贵人,你的资源会更丰厚,对于未来的成功也就更有保障。尤其是在人生的创业初期,如果你有充足的人脉资源,那无异于锦上添花,你的事业又会多出几分动力与希望。

提到"搜狐",无人不知,而搜狐首席执行官掌舵人张朝阳在创业初期受阻时,正是因为有尼葛洛庞蒂这个贵人的相助,才走上了如今的辉煌之路。

1996年的中国,绝大多数人还不知道互联网为何物,而凭借中国互联网发迹的张朝阳,其互联网创业之路也正是在这一年正式起步的。创业之初,张朝阳整日奔波在纽约和波士顿。那时候的他手头上并没有什么实际可供出售的商品,只有一份商业计划书,上面写着今天看起来还并不成熟的商业构想。

当张朝阳不知疲倦地奔波于美国和中国,想找到一些投资商,然后在中国实践他的互联网商业理想时,却因为当时的美国风险投资人远不像今天这样对中国创业者感兴趣而受阻。但是,就在这时,张朝阳却拿到了一笔17万美元的风险投资。作为主要投资人的尼葛洛庞蒂这样说道:"我虽然并不认识张朝阳,但是我确实知道互联网很重要,也知道中国很重要,我还知道张朝阳是一个很聪明的人,这就够了。正是基于这几点,我才决定投资的。"

很快,张朝阳借助这笔资金,在北京创立了爱特信公司,这家公司也成为了事实上中国第一家借助风险投资建立的网络公司。1998年2月,张朝阳推出了号称"中国人自己的搜索引擎"——搜狐。

对于投资的受益人张朝阳来说，正是由于有了尼葛洛庞蒂的投资，才从某种程度上改变了自己的命运，因为尼葛洛庞帝投给他的不仅是资金，还有信心和知名度。而这种完美的双赢局面当初又有几个人能预见？

俗话说："七分努力，三分机运。"在攀上事业高峰的过程中，有贵人相助往往能够起到事半功倍的效果，而且有了贵人相助，不仅能替你加分，还能增加你的筹码及成功概率。尤其对于一个想跨过创业初期艰难的商人来说，一定要有一个强有力的人脉的资助。

苏宁电器自成立以来曾多次获得"国内十大最具影响力企业"的称号，不仅如此，苏宁电器还获得过"中国商业名牌企业"、"首届中国优秀民营企业"、"2005年度中国著名品牌200强"等荣誉。苏宁电器在深交所上市以后，2005年中国股市第一高价股成就了其"中国家电连锁NO.1"的美名，而董事长张近东也因此被冠以"中国现代商圣"的美称。

张近东生于江苏，兼具北方人的豪爽与南方人的缜密，待人接物一向礼数周全，而且真诚义气。正是这种性格使他结交了各行各业的朋友，也催生了今日的苏宁。在一次《财经》杂志的专栏采访中，张近东告诉记者："任何美誉度只能代表外界对苏宁的一种极大程度的认可，中国家电连锁业如何营造一种厂商之间鱼水情深的氛围，是目前最关注的问题。在商言'义'是现代企业发展的命脉，也是苏宁对厂商关系定下的原则。"

2004年7月22日，张近东在深圳为苏宁正式登陆中小企业板举办的晚宴，俨然成了家电大佬的私人聚会。海尔、康佳、创维、长虹、TCL和科龙等国内著名家电品牌的领军人物纷纷到场，嘉宾甚至还包括已经鲜在公众场合露面的春兰集团总裁陶建幸、美的集团董事长何享健、海信集团董事长周厚健等。

张近东表示："财富只是企业的一部分，对于商业连锁企业而言，更重要的是人脉，也就是厂商关系。无论是制造商还是销售商，在整个产业价值链上都是增值型的服务商，都以服务、信誉和创新来不断创造自身和消费者的价值，进而提升整个产业链的价值。因此，从这个意义上说，苏宁电器和各厂家是最忠实的合作伙伴。"

不难看出，张近东似乎更确信找到了一条他认为正确的企业发展道路——"人脉优势定天下"。

中国自古就有成大事者必有贵人相助之说，对于创业者而言，更是少不了贵人的帮助。没有贵人本杰明·格雷厄姆的倾心扶持，巴菲特不会成为取代比尔·盖茨世界首富位置的"股神"；没有贵人余蔚的投资，江南春的分众传媒恐怕无法摆脱困境；没有贵人宁高宁，牛根生也许难以走出"三聚氰胺"等事件带来的阴影……成功人士无一不是有一条成功的秘密捷径："密切彼此的友谊和获得发展的机遇。"

从某种意义上来讲，人脉是机遇的介绍人，而且只有依靠人脉，才能捕获到更多的优势，在业界"占山为王"。

穷，也要站在富人堆里

因为"仇富心理"的作怪，生活中，不少人只要一听到"富人"两字，总是免不了会嗤之以鼻。在他们眼里，富人家财万贯，开豪车，住豪宅，而穷人却要节衣缩食、捉襟见肘。可是他们却未曾想过，富人究竟为什么富？而穷人为何而穷？

有人认为，富人之所以富，是因为他们有着超群的智慧。可是只要大家仔细观察一下就会发现，曾经是世界首富的比尔·盖茨，连大学都没读完；而台湾富豪王永庆只有小学文化水平。

比如很多穷人在创业初期，总是喜欢拿资金量太小、不会有大发展等借口来安慰自己。或许从整体情况来看，的确如此，资金量小，业务半径就短，市场范围就小；但是换个角度来说，这也许恰恰就是穷人创业的"短处"所在，为什么业务量不能上升？为什么市场范围小？就是因为识人不深，而且不懂得"人脉"结交的"富裕潜规则"。

要想真正实现从穷人到富人的蜕变，就应该学会站在"富人"的圈子里去思考、去办事。

谢方瑜是一名普通的办公室文员，她来自一个蓝领家庭，平时不怎么喜欢结交朋友，和她经常在一起的几个朋友也同她一样，都是一些为了生活而到处奔波的打工者。为此，谢方瑜时常感到郁闷，为什么自己和朋友就永远都只能做一个打工者呢？

在谢方瑜的公司里，和她一个部门的田丽丽是一位很优秀的经理助理，而且拥有许多非常赚钱的商业渠道。她生长在富裕家庭中，她的同学和朋友都是学有专长的社会精英。相比之下，谢方瑜与田丽丽的世界根本就是天壤之别，所以在工作业绩上也无法相比。

因为刚来公司不久，谢方瑜不知道该如何与来自不同背景的人打交道，所以少有人缘。一个偶然的机会，谢方瑜参加了某项职业能力提升培训，她这才得知，原来自己之所以一直这样"默默无名"，与自己所结交的人和事有很大的关系。

她回家后仔细地分析了一下，因为平时和那些姐妹们在一起不是抱怨生活，就是抱怨自己的命运有多么的坎坷。而且通常那些朋友也和她一样，常常为了一点事情就沮丧不已。真正出了什么事情，彼此之间却因为能力有限而帮助不了对方。

从那以后，谢方瑜开始有意识地多和田丽丽联系，并且和田丽丽建立了良好的私人关系。私下里，她通过田丽丽认识了许多大人物，事业上也开启了新的篇章。

的确，朋友之间的相互影响，会有潜移默化的作用。也许你今天胸怀壮志，准备干一番大事业，但是你的朋友却渴望安逸、平静的生活，于是在他的影响下，你的这番心思也渐渐地被淡化了，慢慢的，就如同过往尘烟，一吹即散。

也许，很多人会说，如果带着这种"有色眼镜"去看人，未免有点太不地道。其实不然，如果你平常只知结交一些一无是处的朋友，他们只会接受你给予的帮忙，而在你处于困境时，对方却因为自身能力有限而无法帮助你什么，这时等待你的结果只能是失败。所谓"近朱者赤，近墨者黑"，如果一个人总是在一些小圈子里面混，那他将永无出头之日。

成功是一个磁场，失败也是。一个人生活的环境，对他树立理想和取得成就有着重要的影响。周围的环境是愉快的还是不和谐的，身边有没有贵人经常激励你,这些都关系到你的前途。所以,要想"抬高"自己的价值,就必须往"比我们高"的人身边站。

2. 以积极的态度,尝试着接触那些"比你高"的人

总而言之,那些成功的杰出人士,他们的身边拢聚的不仅仅是一些和自己旗鼓相当的人,还有比自己"高"的人。他们在人际交往中,往往能够审时度势,而且相当看重人脉质量的高低,因为他们明白,要想抬高自己的价值,就要往高人身边站,让他们的光环也把自己笼罩住。

所以,从现在开始,以积极的态度,尝试着接触那些"比你高"的人吧。一匹好马可以带领你到达你梦想的地方,一个"比你高"的朋友可以带你实现自己的愿望。

要想成功,就要努力寻找成功的贵人,并与他们为伍。

国际级励志成功学大师,被尊称为"信心和潜能的激发大师"的陈安之,有一句经典语录:"要成功,需要跟成功者在一起。"成功的人一般都非常热情,非常有行动力,如果你跟他们在一起,就能激发出自己的潜能,不行动都不行。倘若你和一些失败者面谈,你就会发现:他们失败的原因,是因为他们无法获取成功的环境,因为他们从来不曾走入过足以激发自己、鼓励自己的环境中,他们的潜能从来不曾被激发,总是与失意者在一起抱怨,所以,他们没有力量从不良的环境中奋起振作。

一位百万富翁登门请教一位千万富翁。

"为什么你能成为千万富翁,而我却只能成为百万富翁,难道我还不够努力吗?"

"你平时和什么人在一起?"

"和我在一起的全都是百万富翁,他们都很有钱,很有素质……"

"我平时都是和千万富翁在一起,这就是我能成为千万富翁而你却只能成为百万富翁的差别。"

斯坦福大学有一项调查，结果证明，一个人失败的原因，90%是因为这个人的周边亲友、伙伴、同事、熟人大都是失败和消极的人。如果你习惯选择与比自己低级的人交往，那么他们将在不知不觉中拖你下水，并使你的远大抱负日益萎缩。

周林和林彬是同一个班的一对好朋友，因为他们都特别喜欢打篮球。

当时在班上对打篮球有这样一个不成文的规定：技术好点的打"NBA"，技术不怎么样的就打"CBA"。对篮球有了解的人都应该知道，NBA是国际高水平篮球的象征，那里聚集了全世界的篮球高手，而CBA只是中国地区性的篮球联赛，相比之下，当然NBA更具有水准。所以，班里扣球好的就成立了"NBA"，而剩下的打的就是"CBA"。

周林和林彬都是刚打篮球，技术当然不怎么样，所以刚开始只能和不会打球的同学一起打"CBA"。但是，只要"NBA"那里一缺人，周林就会很积极地补上去。林彬很不明白，因为他们技术都不错，在"CBA"里面还是主力，就对周林说："他们缺人才喊你去的，你去了能干吗？连球都碰不到。"

周林确实连球都没怎么碰到，但过了些日子，他的篮球技术越来越好了。一开始和林彬是平手，到后来还能赢林彬几个球。林彬很不明白，难道自己的天赋没有周林的好？于是他抓住周林要问个明白。

周林告诉他，是因为他喜欢和高手在一起打篮球，而林彬却不愿意。他和高手一起打球，虽然没什么碰球机会，却能锻炼他的脚步移动速度、抢球技巧；而林彬虽然在"CBA"投篮不断，又号称主力后卫，每场比赛都是MVP(最有价值球员)得主，但又有什么用呢？技术还是那个破技术，没下降就不错了。

从打篮球这一点上可以看出，周林以后会是个很有作为的人，至少他养成了一个喜欢和成功的人在一起的好习惯。想把篮球练好，不一定非要找姚明陪你练习，只要是打得比你好的人，你都可以向他们学习，而不是在"CBA"中当主力，这样你的篮球技巧永远都不会进步。

向成功的贵人学习成功的方法，不是要我们走他们的老路，而是要直接进入他们的经验、原则之中，了解成功者的思维模式，并运用到自己身上。

陈安之说过："一个人要成功,有几个方法:第一,他必须帮成功者工作;第二,当他开始成功的时候,一定要跟更成功的人合作;第三,当你越来越成功时,要找成功者来帮你工作。"

只要你能依照这三个方法,按部就班地去做,你一定会非常成功。

在接触和寻找贵人的过程中,要遵守以下原则。

(1)放下自卑,主动出击。

贵人不会自己走到你身边来,你需要积极主动地去寻找贵人、接近贵人。可能你会想,我既没有钱,又没有权,才能一般,相貌普通(记住,用色相去接近贵人更危险),怎么才能走到贵人身边呢?

放下自己的那点自卑,主动去接近贵人吧!不管贵人身份如何,没有人会拒绝对他有好感的人,就算是再普通的人,只要礼仪周到、不卑不亢,有自己的风格,有独立的人格,他们一样喜欢结交。他们比普通人更需要真诚的朋友,因为他们已经在生活和工作中有足够的谄媚讨好者了。所以,你不必谄媚讨好,只要有最起码的尊重和礼貌,有对对方最真诚的认可和崇拜,你们一定会有不错的交流和交往。

(2)主动寻求机遇。

与贵人结识,不能停留在幻想中,你必须通过自己的努力,去创造与贵人相遇的机会。

当人们谈论到被称为"股神"的巴菲特时,常常津津乐道于他独特的眼光、独到的价值理念和不败的投资经历。其实,除了投资天分外,巴菲特很早就知道去寻找能对自己有帮助的贵人,这也是他的过人之处。巴菲特原本在宾夕法尼亚大学攻读财务和商业管理,在得知两位著名的证券分析师——本杰明·格雷厄姆和戴维·多德任教于哥伦比亚商学院后,他辗转来到哥大,成为了"金融教父"本杰明·格雷厄姆的得意门生。

大学毕业后,为了继续跟随格雷厄姆学习投资,巴菲特甚至愿意不拿报酬,直到巴菲特将老师的投资精髓学到后,他才出道开办自己的投资公司。

2003年上半年,江南春倾其10年所有,在某高档写字楼里安装了价值

2000万的液晶显示屏后,却没有盼来预期的源源不断的广告客户。就在江南春身处每天不断烧钱的巨大压力时,同在一层楼办公的软银上海代表处首席代表余蔚却意外地"召见"了他。经过一次深刻的交谈,一周之后,余蔚拨给江南春第一笔风险投资——50万美元。这笔钱与日后数千万美元的投资相比,显得十分微不足道,但它却帮助江南春摆脱了困境。很多人想,江南春的贵人是撞大运撞来的。其实不是,余蔚之所以愿意相助,是因为他早就发现江南春非常勤奋,他几乎没有休息日,常常从早晨8点工作到晚上12点,每次在电梯里碰到,这个年轻人手里也总拿着一个笔记本和策划书。

要有主动寻找贵人的智慧,更要具备得贵人相助的才能。想要通往财富之路的你,赶紧学学这些企业家的"寻贵"精神吧!

(3)积极参与社交。

结交贵人,在自己的人脉网上放几张大牌,有一个重要的前提是要认识更多的人。如果我们每天只活在既定的圈子里,那么你这个圈子里的贵人肯定寥寥无几。只有拓宽交往渠道,积极参与社交活动,扩充人脉网络,你才能有更多的机会去认识贵人,结交贵人,获得贵人的帮助。

当然,很多人说,面对一些陌生的面孔,心里会很紧张,而且在那种场合总难免会有自卑感。在陌生的环境中,不舒适的感觉当然会有,但是所谓一回生两回熟,打起精神来,度过你的恐惧期,你一定会成为新的社交圈里的常客。

3. 维护好人际关系,坚持时刻更新和优化

我们平时要把人脉关系的维护当成一种习惯,做到自然相处、和谐互利,这样才能使人脉正常化、深入化发展。如此,在你有困难的时候,你的人脉关系中某个关键朋友就会站出来给予你莫大的帮助。而如果你平时对你的人脉爱理不理、任其流失,那么当你的事业陷入危机时,你的人脉网中的任何人都不会过来关注你,可谓"以其人之道还治其人之身"。这便是"待人

如己"的意义所在。

举一个生活中常见的例子，你和你的小学同学一直住在同一座城市，彼此都知道对方的联系方式，但是在逢年过节或者你遭遇不顺时，他从来没有问候过你。突然有一天，他主动打电话过来要你帮他一个忙，你会怎么想呢？多少会有点不太乐意。反过来，如果他与你经常保持联络，在你的节日或生日时更是情深意切地问候过你，在你患难的时候关心过你，这时他打电话过来寻求你的帮忙，你心里肯定就乐意得多了，甚至愿意主动去帮助他。

"平时不烧香，临阵抱佛脚"，这是人脉经营的大忌，所有人都对此深恶痛绝。所以，平时我们要注意自己的言行，真诚地去关心朋友的感受，主动去联络朋友，并让朋友真正体会到自己的关心。

"没事常聊聊"便是一种很好的方法。一旦当你将此养成了一种习惯，一种很自然的行为，那么，不知不觉中，你的人脉就会成为你最忠诚的对象。

如果你是企业的管理层，"没事常聊聊"所包含的对象就更扩展了一层。没事的时候要跟自己私下的朋友常聊聊，更要与政府、供应商、经销商等利益相关群体中的重要部门或人员聊聊，增进彼此的感情。这些很细小的行为，对企业或自己事业的成功都非常有用。特别是当在这种公共关系交往中建立了良好的关系后，对企业与政府的沟通、企业问题的解决以及个人事业的成功都是大有帮助的。

朋友之间的友情，也如同银行业务中的零存整取，平时颗粒归仓，若干年后就会拥有一座自己都难以相信的金库，花之不尽，用之不竭。所以，朋友间的关系同样需要维护和经营。平时"老死不相往来"，相当于不存钱；有事才想到要朋友帮忙，相当于要从有限的户头上取钱；只取不存，存折迟早会空，坐吃山空，再大的金山也有吃完的一天。以这种方式对待朋友，对待自己的人脉，你跟朋友间的感情迟早会枯竭至尽，再次成为陌路之客。所以，要跟你的朋友经常保持联系，不断地为你的人脉关系添加润滑剂，使你的人脉时刻保持鲜活和勃勃生机。

时刻"刷新"人脉

(1)利用网络，方便你我。

网络已成为一种流行时尚的交往方式，QQ上一句留言，一封情意绵绵的E—mail，微博上一次@，都有可能让你的朋友哈哈大笑或陷入感动中，从而加深他对你的印象。这是经常处于忙碌状态难以脱身的人的一种维护人脉关系的秘密武器。

(2)无论得意或失意，都要常打电话。

你的人脉中的某个朋友刚刚失业，正处于无比沮丧中，不妨打一个电话过去，提个不错的建议，给予一些帮助，介绍一个工作岗位，这有助于你建立一个忠诚的人脉关系。

而当你失意时，你打电话给一个你曾经给予过帮助的人，他也一定不会拒你于千里之外。

(3)刷新他的信息，告之你的改变。

朋友升迁了、搬家了、手机号换了、QQ被盗了重申了一个，或者你刚失业了、通讯录不见了……这些都是你的人脉关系的变化。一旦发生了一件重要的变化，你就要及时通知一下，你的朋友会觉得你很重视他，从而使彼此的感情更深。所以，记得时时刷新你的人脉信息，过时的信息是毫无用途的，只会白白浪费一些不必浪费的东西。

(4)人脉有冲突，要当和事佬。

你的人脉中可能会有人因一时的意外或疏忽，产生不合或极其不满，这时你就须挺身而出，义不容辞地出来调解。如果能帮助他们解决矛盾，那是再好不过的，对双方都有利，两方都会感激你；即使调解不成，仍成祸患，他们也会理解你的苦心一片。

(5)祝贺多要有创意。

朋友生日了、结婚了、要开一家服装店了……这个时候，你就需寄送贺卡或相关的有纪念意义的礼品。赠送礼品是有讲究的，你要做出自己的创意来，才能显出你的特别，朋友才会对你另眼相待，感动于你细致入微的心思。所以,千万不要低估一张卡片或一份礼品的力量,小处可见大,成大事者要从小处着手。

(6)积极参与社区活动。

可能你的朋友们都会出现在社区搞的联谊或团组活动中,你也可以常参与其中,与朋友一起娱乐,做些有意义的活动,像帮助孤寡老人、失学儿童、参加义工活动等,都是很有意义的。当你以后跟朋友坐在一起,谈论起这些事时,你们都会陷入一种贴切的感动中,这就是友情的感动。

(7)时时关注你的人脉名单。

当有报纸杂志报道或听某个人谈起,说你的人脉名单中的某个人升迁成为某公司中的头号人物,或你的某个事业有成的朋友突然要另起炉灶、重开公司了……这些信息你都要密切关注,不能有漏网之鱼,或者事情发生多年了,你才耳闻,这都是不应该的事。当你听到这些消息时,一定要及时、主动地写封贺信,做张精致的卡片,或电话祝贺一番,这些都是极具意义的。

(8)向朋友提供有利资讯。

通过你的朋友,你可以获取很多对你有利的资讯信息;反之,你也要考虑到你的朋友,他是不是也需要你为之提供一些有用的信息呢?如果需要,你就要留意一下你的人脉名单中的朋友有哪些爱好、兴趣和特别的需要之处,另外还要观察自己身边的信息和各种资讯,将对朋友有利的资讯提供给他们,这样一来,你留给他们的印象就不会被抹除。

(9)给外地的朋友特别的问候。

你的人脉中可能有些朋友长居异地,一年中都难得见上一次,所以如果偶尔的一次机会,你到他所在的城市出差,即使没有时间,你只是在那座城市的机场停留几分钟,也要献上你的问候,一个电话,一条信息,足矣。

另外,你还可以诚挚地向你的异地朋友请教一些当地信息,如"哪家饭店的饭菜特别实惠而且好吃"或者"当地的人们都有什么特殊的习惯"等,这样,你的朋友会觉得他在你心中异常有分量,会特别愉快。

(10)心到不如人到。

这是最重要的一点。朋友的婚礼、毕业典礼、表演、颁奖典礼等，这些对朋友来说肯定是特别重要的。当然，如果你特别忙，也可以不必参加，事后弥补即可。但是你得明白一点，"心到不如人到"，事后你弥补的再好，都不如你到现场看一下，这就是"说到不如做到"。做到要比说到好得多，把你的朋友的大事当作一件大事对待，有助于你抵达朋友的内心，使他永远都不会忘记你。

定期"优化"人脉

电脑系统，需要定期进行清理，也需要定期进行优化，人脉也是如此。如果你对你的人脉关系不闻不问，它就可能恶化、流失，甚至变质。

在你与你的人脉交往的过程中，你的人脉关系总在悄悄地影响着你，不知不觉中你已经受到了它的熏陶。假如你结交的都是拜金主义者，那么你奉行的准则，久而久之也将变为"金钱至上"；假如你周围的人都是花花公子、街头小霸，那么你成为花花公子或者小流氓的机会就比一般人大；如果你周围的人更多的是相互倾轧和竞争，那么你很可能就会参加到他们的行列中去；如果你周围的人认为欺凌弱小是对的，这种观念也会感染到你……

假如你身边的朋友都是这些人，你还愿意继续和他们在一起吗？肯定不会。

所以，你一定要时时刻刻检查自己的人脉，进行杀毒、升级、优化，以保证其始终呈良性。

如何检查自己的人脉网呢？你不妨扪心自问：我和谁在一起的时间更多一点？跟谁在一起对我更有利、更有帮助一点？我人脉中的这些成员都对我的人生、我的事业有怎样的意义？他们能提供我的信息是正面的还是负面的？我像现在这样同他们交往下去，一段时间以后，我能取得怎样的成绩，是一无所成还是大有收获？

常常问自己这些问题，你对这些朋友的认识就会理性得多，这样你就可以合理分配自己的时间，知道哪些朋友需要花费大量时间培养和维持，哪些朋友不必交,甚至可以从自己的人脉网络名单中剔除。远离狼,你就会少掉许多嗜血的欲望,清净的本性也会重返你的头脑。一个良性、优秀的人脉网络是要用一个冷静的头脑来处理的。

所以,你要时常关注自己,看自己在朋友的影响下发生了什么样的变化,是进步了还是退步了,是变得比以前更强大了还是比以前更畏首畏尾了。不要欺骗自己,看看自己目前的强项和弱点是什么,什么在支配你的发展,什么在影响着你的行为,这些你都要做到心里有底、知之甚明。

用惊喜和感动创造人脉忠诚

纵观成大事者,无不是有大德者。凡是善于经营个人人脉并凭其人脉终成大事的人,都明白待人真诚、以心赢人、以情动人的妙用。

从某种程度上来说,人脉经营是一种投资手段或是一种理财方式,经营好你的人脉最需要的就是真诚和善意。在索取和利用的同时,你还要懂得付出和"被人所用",这样你的人脉才会永远忠诚于你。你满脑子利益取向,与人相交尽是虚情假意,那么谁还乐意与你相交呢?更别说跟你合作、交好了。只知利己的人,根本不可能赢得真情实意,更勿论他人的患难相助了。

要知道,人脉之所以有用,是因为对方真心认同你,珍惜跟你之间的交情,所以才会在适当的时候助你一臂之力。这很有点像"节流法",人脉理财属于"开源法",助你事业上处处逢源。懂得人脉理财,用自己的惊喜和感动创造出人们对自己的忠诚,这时有形与无形的人生财富就会为你所掌握。

豪华·哲斯顿被公认为魔术师中的魔术师,因为在前后40年中,他曾到世界各地一再地创造幻象,迷惑观众,使世人吃惊得喘不过气来。据统计,共有6000万人买票去看过他的表演,而他更是赚到了几乎200万美元的利润。

当有人问他为什么能在魔术界如此"恐怖"时,他的回答让人吃惊。他说他的成功与学校教育几乎毫无关系,因为他很小的时候就离家出走,成为了一名流浪者，他搭过货车，睡过谷堆，甚至沿门求乞，靠坐在车中向外看着铁道沿线上的标示来识字。而且他说，关于魔术手法的书已经有好几百本了，至少有几十个人跟他懂的魔术知识一样多。但他有一样东西，是其他人没有的，那就是哲斯顿对魔术的挚爱和对观众的真诚，他用一个个惊喜和感动打动了几乎所有的观众。

多数魔术师看着满场观众，大概都会对自己说："坐在底下的那些人是一群傻子、一群笨蛋，我可以把他们骗得团团转。"但哲斯顿的方式完全相反。他每次走上台，都会对自己说："这些到场的人都值得我感激，因为只有他们来看我的表演，我才能够过上美好的生活。他们可以说是我人生中最好的朋友，我要把自己最神奇的魔术奉献给他们。"

因为这一点，很多观众甚至成为了哲斯顿的朋友，这就是一位有史以来最著名的魔术师所采用的秘方。

事实便是如此，只要用自己真诚和善意的心去浇灌了你的人脉大树，它必将结出成功的果实，为你食用！

所以，像经营顾客关系一样去经营你的人脉吧，只有实现人脉忠诚才是经营与管理的最终目的。而诚心为贵，让顾客忠诚于自己的"店"，对自己的"店"留恋不舍，你的"店"才有发展前景可言。现实中有很多人人缘不错，认识的人也很多，但是在最需要帮助的时候，却"门前冷落鞍马稀"，这说明他在人脉经营上下的工夫还不到位，没有真正赢得人脉的心，仅仅停留在酒肉和最表面的层次上。这样的人脉关系有似于无，这就好比再多的零叠加起来仍然是零！

记住，只有真正赢得人心，你的人脉才有忠诚可言。

想要赢得人脉忠诚，你就要懂得付出。每个人在工作和生活的各个阶段都有可能会遇到这样或那样的困境，这时便是别人最需要你帮助的时候。要想在你最需要帮助的时候，你的人脉中某一个朋友能帮到你，你就应该同时出现在他最需要帮助的时刻，这就是朋友的定义。赢得朋友其实很简单，只需你的热心、真诚！

4. 坚持合作共赢，虾米也可以吃掉大鱼

"大鱼吃小鱼，小鱼吃虾米"，这是现实中残酷的竞争法则。不过，我们若是想在社会上站稳脚跟，击败对手，有时候仅靠自己的力量是不行的。在这种情况下，我们不妨联合周围可以联合的"虾米"，然后一起去吃掉我们想吃掉的"大鱼"，这样做效率会更高。

不要小觑小力量的集合

千万不要小觑小力量的集合。当我们看到日本联合超级市场，以中心型超级市场共同进货为宗旨而设立的公司的惊人发展，就会有如此的感慨。

就在1973年石油危机之前，总公司设于东京新宿区的食品超级市场三德的董事长堀内宽二大声呼吁："中小型超级市场跟大规模的超级市场对抗，生存下去的唯一途径就是团结。"可是，当时响应的只有10家，总营业额也不过只有数十亿日元而已。但是，到1982年2月底，联合超级市场集团的联盟企业有145家，加盟店的总数有1676家，总销售额2750亿日元。从第二年起，加盟的企业总数增加为178家，继而187家、200家、253家持续地膨胀，同时加盟店的总数也由1944家增加为3000家……

原来只是一个微不足道的超级市场经营者，堀内宽二凭借着中小型超级市场不团结就无法生存的信念草创成立的联合超级市场，发展到了今天他本人也不会料想到的庞大阵容。目前，日本全国都可以看到联合超级市场的绿色广告招牌。

中国有句俗语："众人拾柴火焰高。"意思是说，通过联合的力量，可以实现个人力量所不能实现的目标。很多小企业、小公司在激烈的竞争被冲撞得东倒西歪、飘飘摇摇，虽然也有顽强的生命力，但终难形成气候。

小企业、小公司要在竞争中站稳脚跟，就得联合统一战线，共同出击，

以群蚁啃象之势，去迎接各种挑战。

东北有家非金属矿业总公司——辽河硅灰石矿业公司，前身为辽河铜矿，因长年亏损，1983年改换门庭，从事非金属矿的开发与经营，所开采的优质硅灰石全部销往日本、韩国，公司效益也真正红火了几年。

据称，日本商人将石头买到手后，便在回日本的航程中将其加工成立德粉、钛白粉，然后中途返航，运往上海、天津等地。

辽河硅灰石矿业公司于1990年从日本引进加工生产线，掌握了生产立德粉、钛白粉的技术，并从1992年起，开始生产建筑涂料。但从1993年开始，其所产硅灰石滞销，生产的涂料市场滑坡，公司严重亏损。1997年，辽河公司宣布破产，原来的各分厂，全部被私营单位买断。

1999年，日商再次光顾辽河公司，与私营小公司老板商榷购买200万吨硅灰石粉的合同。可是，各自为阵的小公司并没有这个魄力，也不可能在1年半的时间内完成合同任务。

眼看着煮熟的鸭子就要飞了，就在日商即将离开之际，辽河其中一家公司的经理郝为本横下心，与日商签了合同。

郝心里清楚，如果不能按期交货，日商的索赔会让他倾家荡产，弄不好还得蹲大牢。但到口的肥肉，总不能不吃吧。

郝为本拿着合同，请其他几家小公司的经理聚到一起，认真研究，打算联合起来吃这条大鱼。经过任务分配，平均利益，几家公司立刻行动了起来。

9家公司经过有力的联合，一年半时间内，按时完成了任务。

上述事例正印证了虾米联合起来能吞掉大鱼的事实。

不妨将目光投到某些小人物身上

我们都很清楚，借人之力是获取成功的捷径之一。但是在这条捷径上，人们往往习惯于将目光聚焦到那些有权势、有财富的名人和富豪身上，认为只有这些人才是自己人生路上的贵人，才能给自己的成功添砖加瓦。可是，大人物们高高在上，别说是去求别人，连接触到他们都很难。遇到这样的情况我们该怎么办？坐以待毙,还是靠自己蛮干？

不用发愁,你不妨将目光投到某些小人物身上。

要知道,"大小"并不是绝对的,二者可以转换。没有大人物可以选择的时候,能向小人物借力也是不错的选择。在历史上,"鸡鸣狗盗之辈"曾经帮孟尝君逃脱大难,不就是很好的证明吗？

小人物就像小螺丝钉,用得得当,就能推动大机器的运转。不要小看"小人物",有的时候,"小人物"却有"大用处"。

戴笠当军统头子时,逢年过节,都要派人出去送礼,这礼并非是送给达官显贵的,而是给总统府里的听差、门房、女仆或是文书。他们虽然地位卑微,绝不可能参与军国大事,但是毕竟天天都在蒋介石身边。

首先,这些人的职业就是伺候蒋介石,蒋介石行为、情绪的变化,都瞒不过这些人的眼睛。

然而,对戴笠而言,这些信息作用还不是最重要的。在官场,公文积压都是常事,有的要搁上十天半个月,有的一搁就是一年半载,即使批下来,也是另一种结局了。军统上报的公文耽搁在蒋介石那里,戴笠是不敢催办的。可是清洁女工有这样的便利,她清扫蒋介石的办公室时,只要顺手在文件堆里把军统的公文翻出,放在上面就万事大吉了。戴笠的部下再有能耐,也不敢随意进蒋介石的办公室,这件事非清洁女工莫属。

因此,在人际交往中,要灵活变通,千万不要只逢迎那些所谓的达官贵人,也要懂得和小人物建立关系。当你觉得仅凭一人之力难以应付客户时,完全可以采取这种办法,把可以借力的伙伴联合起来,就像一根筷子容易断,一捆筷子就不易断,这种小力量的集合会给你带来更多收获。

5. 塑造成功的个性,建立良好的人际关系

人际关系的黄金定律是:帮助别人的时候,就是在帮助自己。所有成功的人都懂得付出,先付出才能收获。心中有多少爱,才能分享多少爱;分享

的越多，得到的越多。

柯维说："个人独立不代表真正的成功，圆满人生还需追求人际关系的成功。"据研究，人生85%的快乐由人际关系决定，仅15%的快乐来自于个人成就。

建立人际关系的六个秘诀

(1)你的面部表情比你的服饰更为重要。

一位海外商界的成功者说，据他的体会，一个人之所以能做成一点事，有一点成就，就是这么一点点奥秘：你给别人一个什么表情，别人就会回报你一个什么表情。你给一个怨恨，就得到一个怨恨；你给一个善良的微笑，就得到一个善的微笑。当你给了千百人一个微笑的时候，千百人回报你的也是千百个微笑，这样，你的人生就成功了。这世界就像一面镜子，当你向它微笑之时，它必以笑颜回报。古德有言：心诚色温，气和词婉，必能动人。千年古训：和气生财。

(2)要欣赏赞美别人。

动物有求生的本能，人有成功的渴求。而成功的表现之一，就是得到重视和赞美，这是人与生俱来的欲望。林肯曾说："人人爱听恭维的话。"这种渴求得到赞美的欲望，就像人饥而求食、寒而穿衣一样，是一种本能的需要，而且地位越高，对赞美的渴求越强烈。这种欲望是不可满足的、无止境的。欣赏赞美别人，就是肯定别人、鼓励别人，就是提高对方的自我价值，使他增强信心和勇气。这是人际关系的一件利器，是人际关系不可缺少的催化剂。

要使赞美产生良好的效果，有三个要点：①赞美要立即表达。②赞美要明确。③赞美要公开。一位推销大师把他一生的成功经验总结为：微笑、赞美、关怀。"你可以拒绝我的推销，但你不能拒绝我的关心、赞美和微笑。"这是走遍天下成功的销售秘诀。

(3)要感恩(感激别人)。

不要为失去而烦恼，要为得到而感激。懂得感激的人才懂得珍惜，才懂得拥有。我们要感激自己所拥有的一切：环境、家庭、同事、朋友……因为有了他们，我们的生活才充实和有意义。感恩的一个重要方法，就是多说"谢谢"。常怀感激之心，必能锁定积极的心态，严于律己，宽以待人。

(4)利益原则。

在人际关系中，无论对方在意与否、计较与否，你首先都要主动、周到地考虑对方的利益和需要。"双赢"才能长胜。

(5)充满热忱。

充满热忱和活力，别人就会被你吸引，因为人们总是喜欢跟积极乐观者在一起。运用别人的这种积极响应来发展积极的关系，同时帮助别人获得这种积极的态度。没有热忱，不论你有什么能力，都发挥不出来。要想获得世界上最大的奖赏，你必须拥有过去最伟大的开拓者将梦想转化为现实的献身热情，来发展和销售自己的才能。热忱是一种伟大的力量，它可以补充你的精力并发展出一种坚强的个性；它能给你以信心和动力，带领你迈向成功。有人用服食兴奋剂维持精力，必定无济于事；也有人一天睡到晚，却仍然打不起精神。只有热忱才能使人精神饱满、精力过人。热忱来自于远大的目标和对工作的乐趣。培养热忱最好的方法，就是心存"热忱"之念，用行动表现热忱——凡事不做则已，做必全力以赴，以最大的热忱来完成！欧布莱恩神父说过："没有热忱，不可能赢得任何一场竞争。"拿破仑·希尔说："如果你有热忱，几乎就所向无敌了。"

(6)诚信。

待人以诚，才能人待以诚，才能得到理解、信任、尊重和帮助。真正的诚信不需要表白，谁都能凭"直觉"马上感知到。因此，《礼记》上说"不诚无物"，没有诚意，便没有一切。西谚又说"诚为上策"，诚信不只是上策，更是唯一的策略。

第八章 ■

取 舍 篇

——有所坚守,必然有所放弃

有所坚守,必然有所放弃,两者相辅相成。守得住才能放得下,放弃该放弃的,才能守住该守住的。

1. 果断的放弃,是一种"另类"的坚持

一个行囊,如果装得太满,就会很沉、很重。

一个生命背负不了太多的行囊,在人生大道上,我们注定要抛弃很多。果断的放弃是面对人生、面对生活的一种清醒而明智的选择。只有学会放弃那些本该放弃的东西,生命才能轻装上阵,一路高歌。

人的一生,难免遭遇不幸和痛苦,但无论是痛苦与快乐、失败与成功,一切都会随着时间的流逝成为过去。所以,我们不必沉湎于过去的挫折和苦难,也不必为一时的成功沾沾自喜,所有的一切,不管是美好的,还是痛苦的,都会成为回忆。

若永远将这些过去背负着,必将阻碍你前行的步伐,羁绊你的人生。忘掉曾经刻骨铭心的伤痛,忘掉曾经难以承受的苦难,忘掉自己曾经的辉煌……忘掉过去,你将拥有幸福的生活。

祥林嫂是鲁迅中篇小说《祝福》里的一个人物，她唯一的儿子阿毛被狼吃掉之后，痛失爱子的祥林嫂逢人便说阿毛的遭遇。"我真傻，真的……"她的诉说满含着一个母亲深深的自责和痛悔。阿毛遭狼袭击当天的细节，包括五脏被狼吃空，手上还紧紧捏着小篮的惨痛的一幕，都深深地刻进了她的脑海。她反复地向人们诉说惨剧，仿佛要借此舒缓内心的痛，寻求同样为人父母者的谅解和安慰。但越是提起阿毛，祥林嫂就越是伤心欲绝，她就这样陷入了一种循环往复的痛苦漩涡中不能自拔……

在我们的身边，也有像祥林嫂这样的人物，受到伤害之后，一蹶不振，在伤痛的海洋里沉沦，迟迟不肯从伤痛中走出，每天舔着伤口度日。

一个年轻的女子，失恋之后，伤心难过，对生活失去了信心。这时，有人告诉她："当初没有恋爱时你是怎样生活的？是不是一样的开心，无忧无虑？如今你的日子不过是回到了从前而已，对于你来说并没有什么损失。"女子听后，恍然大悟。

无论我们失去了什么，受到了怎样的伤害，都不能丧失对生活的希望。

松下幸之助在很小的时候就开始在外面打工。父亲去世后，他一个人担负起了全家的生活重担，这也使他过早地体验到了生活的艰辛。

22岁那年，他成为了一家电灯公司的检查员。有一天，松下幸之助觉得自己身体不舒服，到医院检查之后发现得了家族病，这种病已经让9位家人在30岁前离开了人世。此时，他已没有退路，反而豁达了起来，对可能发生的事情也有了充分的心理准备。后来，他自己摸索出了一套与疾病斗争的办法：不断调整自己的心态，以平常心面对疾病，调动机体自身的免疫力、抵抗力与病魔作斗争，使自己保持旺盛的精力。这样的过程持续了一年，他的身体也慢慢变得结实起来，内心也越来越坚强。

患病一年的苦苦思索，加上工作方面不顺利，使他决心辞去公司的工作，独立经营插座生意。创业之初，正逢第一次世界大战，物价飞涨，而松下幸之助手里的资金还不到100日元。公司成立后，最初的产品是插座和灯头，但销量不佳，工厂到了举步维艰的地步。后来，员工相继离去，松下幸之助又陷入了困境。

但是，他并没有因此放弃对梦想的追求，他把这一切都看作创业的必然过程。他告诉自己："再下点工夫，总会成功的！已有更接近成功的把握了。"

功夫不负有心人，在松下幸之助的坚持下，生意逐渐有了转机，公司也慢慢走出了困境。

1929年，世界性的经济危机席卷全球，日本也未能幸免，电器销量锐减，库存激增。第二次世界大战的爆发使日本经济走了畸形轨道，日本的战败使得松下幸之助几乎变得一无所有，但是他依然没有屈服，反而越挫越勇。

如今，"松下"已经成为享誉全世界的知名品牌。如果当初在得知自己患上家族病的那一刻，松下就失去了希望，沉浸于悲伤之中，我们或许就不会看到今天这个闻名全球的品牌了。

生活中有各种各样我们想不到的事情，这些事情本身并不可怕，可怕的是我们无法从这些事情所造成的影响中抽身出来，尽早以最新、最好的状态去投入接下来的事情。哪怕我们身无分文，我们也可以从零起步，一点一点地打拼。不论什么时候，都应该相信一点：磨砺到了，幸福也就来了。

人们都知道，李白是唐朝著名的浪漫主义诗人，他的一生颇具传奇色彩。"仰天长笑出门去，我辈岂是蓬蒿人"的名句，在潇洒傲岸之中，透出了他建功立业的豪情壮志。后来，他凭借着生花妙笔，名扬天下，成为了翰林学士，这是很多古代文人梦寐以求的。但是一段时间之后，李白发现自己不过是替皇帝做点缀的御用文人。此时的李白就面临着选择：是继续留在宫中做翰林学士，享受荣华富贵，还是离开皇宫，穷困潦倒地过自由自在的生活？权衡再三，李白毅然选择了"安能摧眉折腰事权贵，使我不得开心颜"，弃官而去。

其实，我们的人生就是由许许多多的选择构成的，许多时候，一些看似无谓的决定，实际上却为我们以后的重大选择奠定了基础。无论多么远大的理想、伟大的事业，都必须从小处做起，从平凡处做起。所以，对于那些看似琐碎的选择，我们必须慎重对待。

只有选择了适合自己的,才能有所成就,否则,生命将难以承受!

一位老师带着他的学生来到了一个神秘的仓库,仓库里堆满了各种各样散发着奇光异彩的宝贝。学生看着眼前琳琅满目的宝贝,欣喜若狂。他拿起一件,仔细地观察起来,发现上面刻着"快乐"两个字。接着,他又拿起另外一件,上面刻着"善良"。原来,这里的每件宝贝上面都刻有文字,它们分别是骄傲,正直、快乐、爱情等。

老师告诉学生:"这里的每件宝贝代表一样东西,你可以带走你需要的那些。"

学生听后,喜出望外,但是这些宝贝都是那么漂亮和迷人,他见一件爱一件,抓起来就往口袋里放。

很快,口袋就装满了,学生背着满满当当的口袋,跟着老师依依不舍地离开了仓库。在回家的路上,他觉得口袋越来越沉,没走多远,他便气喘吁吁,两腿发软。

这时,老师说话了:"孩子,我看你还是丢掉一些宝贝吧,回家的路还远着呢!"

尽管学生心里十分不情愿,但他实在背不动了,只好在口袋里翻来翻去,丢掉了两件宝贝。接着,他们又开始往回走,但宝贝还是太多,口袋还是很沉,学生不得不一次又一次地停下来,咬着牙丢掉一两件宝贝。"痛苦"丢掉了,"骄傲"丢掉了,"烦恼"丢掉了,口袋的重量不断减轻,但学生还是感到很沉,双腿依然像灌了铅一样的重。

"孩子,"老师又一次劝道,"你再翻一翻口袋,看还可以丢掉些什么。"

学生终于把"名"和"利"也翻出来丢掉了,口袋里只剩下"谦虚"、"正直"、"快乐"、"爱情"。当他再一次将口袋背到肩上的时候,他觉得轻松多了。

当他们走到离家还有5公里的一个森林处的时候,学生又一次感到了疲惫,这次是前所未有的疲惫,他真的再也走不动了。

"孩子,你看还有什么可以丢掉的,现在离家只有5公里了,要是你不肯丢掉一些,我们今天恐怕就回不去了。到了晚上,这里可是会有猛兽出没的。"

学生想了想，拿出"爱情"看了又看，恋恋不舍地放在了路边。

天黑之前，他们终于走出了那个森林。这时，老师舒了一口气，对学生说："我的孩子，经历过这次奇妙的旅程，你终于学会了选择和放弃。"

2. 放下不是失去，而是为了更好地拥有

每个人的心灵空间都是有限的，要想装下更多美好的东西，就需要丢弃一些不必要的内容。只有这样，你的心灵才不会有太多的负累。

很多时候，我们之所以紧紧地抓住某个东西，迟迟不愿松手，是因为我们害怕，一旦放手，我们就会失去。实际上，放手并不等于失去，而是为了更好地拥有。

放弃之后，你会一身轻松，太阳是全新的，外面的世界是全新的，那些旧的阴霾都已经消散，迎接你的是美好的明天。

从前，有两个农夫，他们每天都要翻过一座大山去耕地。有一天傍晚，他们在回家的路上发现路边有两大包棉花，两人喜出望外，如果将这两包棉花卖掉，足可使一家人一个月衣食无忧。所以，两人马上各自背了一包棉花，匆匆赶路回家。

走着走着，其中一个农夫看到山路上竟然有一大捆布。走近细看，竟是上等的丝绸，足足有十几匹。欣喜之余，他和同伴商量，一同放下背负的棉花，改背丝绸。

可是同伴却不同意他的看法，他认为自己背着棉花走了这么一大段路，到了这里丢下棉花，岂不枉费自己先前的辛苦？不管他怎么劝，同伴都不听。没办法，他只好竭尽所能地背起丝绸，跟同伴继续前行。

又走了一段后，背丝绸的农夫看到树林里有东西在闪闪发光，走近一看，竟然是黄金。农夫心想，这下真的发财了，于是赶忙邀同伴放下肩头的棉花，改为背黄金。

同伴仍然坚持要背着棉花，以免枉费先前的辛苦，并且怀疑那些黄金不是真的，劝他不要白费力气，免得到头来空欢喜一场。

发现黄金的农夫用丝绸包了两包黄金，然后和同伴一起回家。

快到家到时候，天突然下起了瓢泼大雨，两个人无处躲藏，全身都淋透了。更不幸的是，背棉花的农夫背上的大包棉花吸饱了雨水，压得他喘不过气来，而且浸水的棉花也没人愿意要了。无奈之下，农夫只好丢下一路辛苦背来的棉花，空着手和挑金子的同伴回家去了。

不可否认，不放弃是一种良好的品性，但问题是，如果你所坚持的目标是错误的，而你仍要奋力向前，迟迟不愿放手，那只能叫愚蠢。在错误的道路上，过分坚持会导致更大的错误。成功者的秘诀是随时检查自己的选择是否出现了偏差，合理地调整目标，放弃无谓的坚持，轻松地走向成功。

因此，我们要学会灵活地看待放弃和选择。什么时候应该放弃，要根据自己的情况而定。诺贝尔奖得主莱纳斯·波林说："一个好的研究者应该知道发挥哪些构想，丢弃哪些构想，否则，会浪费很多时间在无用的事情上。"

很多时候，人们只看到了放下时的痛苦，却忘记了不放下所可能带来的更大的痛。电影《卧虎藏龙》里有这样一句很经典的话：当你紧握双手，里面什么也没有；当你打开双手，世界就在你手中。只有懂得放弃，才能在有限的生命里活得充实、饱满。

有一位名叫迈克·莱恩的英国人，十分热衷于探险。1976年，他随英国探险队成功地登上了珠穆朗玛峰。在下山的路上，一行人遭遇了暴风雪。在恶劣天气的影响下，他们每行一步都极其艰难。而最令人担忧的是，暴风雪根本就没有停下的迹象。更可怕的是，他们的食品已所剩不多，如果停下来扎营休息，很可能在没有下山之前，就会被饿死；如果继续前行，大部分路标早已被大雪覆盖，极有可能会迷路。此外，每个队员身上所带的增氧设备及行李已经压得他们喘不过气来，这样下去，步履会更加缓慢，登山队员即使不被饿死，也会因疲劳而倒下。

在整个探险队陷入迷茫的时候，迈克·莱恩建议大家丢弃所有的随身装备，只带一些食物轻装前行。他的这一建议几乎遭到了所有队员的反对。

他们认为到山下最快也要10天时间,这就意味着这10天里不仅不能扎营休息,还可能因缺氧而使体温下降,以致冻坏身体,这将使他们的生命陷入极其危险的境地。

面对队友的顾忌,迈克·莱恩很坚定地告诉他们:"我们只能这样做,这场暴风雪极有可能持续很长一段时间,如果再拖延下去,路标会被全部掩埋。丢掉了重物,我们就不会再有任何幻想和杂念。只要我们坚定信心,徒手而行,就可以提高行走速度,这样我们还有生的希望!"最终,队员们采纳了迈克·莱恩的意见。一路上,大家相互鼓励,忍受疲劳和寒冷,不分昼夜地前行,结果只用了8天的时间就到达了安全地带。

直到他们下山,暴风雪依旧没有停止。这时,队员们都暗自庆幸自己当初的决定。

多年后,英国国家军事博物馆的工作人员找到迈克·莱恩,请求他赠送一件与英国探险队当年登上珠穆朗玛峰有关的物品,收到的却是莱恩因冻坏而被截下的10个脚趾和5个右手指尖。

因为当年迈克·莱恩的决定,他们的登山装备无一保存下来,留下来的,只有那些冻坏的指尖和脚趾。这是博物馆收到的最奇特也是最珍贵的赠品。

"放下",不是说什么都不要,而是说你要清楚究竟要什么、要多少,这才是最重要的。正如罗斯顿说过:"你的身躯很庞大,但是你的生命需要的仅仅是一颗心脏。多余的脂肪会压迫人的心脏,多余的财富会拖累人的心灵,多余的追逐、多余的幻想只会增加一个人生命的负担。"

第一,放下光环,是为了追求更好的未来

乔丹,篮球界的一个奇迹,他是全世界人们最为耳熟能详的篮球运动员,曾经获得过无数辉煌的成绩。那么,他是如何从一个名不见经传的普通球员成长为国际明星的呢?

在乔丹还是个不太知名的普通球员时,有一次,他所在的队取得了一场比赛的胜利。和同伴们一样,乔丹也沾沾自喜地畅说着自己内心的喜悦,而一旁的教练却显得相当冷静。他把乔丹叫到一旁,用十分严肃的口气对他说:"你是一个优秀的队员,可是在今天的比赛场上,我不得不说,你发挥得极差,完全没有突破自己,你离我想象中的乔丹还差很远。你要想在美国篮球队一鸣惊人,必须时刻记住——要学会自我淘汰,淘汰掉昨天的你,淘汰自我满足的你,否则你就不会有寻求完善的心……"

听了教练的话,乔丹惭愧极了,他将这些话铭记于心,时刻激励着自己。在不懈的努力下,乔丹的球技得到了迅速的提升,他终于加入了芝加哥公牛队。后来,他又成为了全美国乃至全世界家喻户晓的"飞人"。日后,乔丹曾多次表示过,自己取得的成绩离不开教练当初的那一席话,是教练让他明白必须忘记过去的辉煌,才能更加集中精力应对眼前的事情。即便在他已经成为篮球巨星的时候,他依然不忘用当初的那些话来提醒自己。

乔丹的成功,正是因为他不断地进行自我淘汰,从而不断地完善自我,走向一个又一个辉煌。失败不是成功的最大敌人,自满才是。自满之人的路很短,因为当别人还在继续向前跑的时候,他却以为自己已经到达了终点,完全不知道自己被远远地抛在了后面。所以,我们要做的,也是最不容易做到的,就是狠心地把自满淘汰,把沉浸在昔日辉煌成就中的心淘汰掉,不断地为自己充电,使自己能够有足够的资本再造辉煌。

"每天淘汰自己,不断地自我更新、自我挑战",比尔·盖茨就是靠这样的精神与信念获得了今天的成就。他没有因为有了世界首富的光环就满足于现状。在他的理念中,与其让竞争对手开发新的操作系统挑战他或者取代之,不如先自我淘汰,这样不但能够领先市场、主导市场甚至于垄断市场,同时也能让其对手望尘莫及。聪明的人会最先掌握这种通向成功的有力法宝,明智地与时代并进,做行业的主流。

第二,放下辉煌,是为了可以创造更多的奇迹。

袁隆年,"杂交水稻之父",曾获国家科技进步一等奖。科学家做到袁老这样已是相当成功了,就此退休享福也无可厚非。但袁老踏上了新的征程,继续研究杂交作物。

一生有一个奇迹,够吗?袁老的努力告诉我们:远远不够。科学的探索永无止境,人生的奇迹无穷无尽。只是大多数人容易自我满足,认为已经成功便不再努力，才使得"奇迹"成为奇迹。

班超有很高的文学天赋，却毅然投笔从戎；孙文曾是一名成功的医生，却转而建立中国同盟会；鲁迅曾想以一己之力治疗病患，却意识到拯救人心乃当务之急……他们都曾经历过成功，本来也可以就那样平稳度过余生，但他们放弃了那些光环，勇敢地追寻人生的真正意义。

3. 坚持执著是一种精神，学会舍得是一种境界

生活中值得我们追求的东西很多，如果一味地纠缠在那些毫无意义结果的东西上，拼命地追求本该放弃的，本该苦苦追求的却毫不犹豫地放弃，到头来只会竹篮打水一场空。如果说执著是一种精神，那么舍得就是一种勇气和境界。

"舍得"起于佛家禅境。在佛教里，"舍得"的解释是："舍得"者，实无所舍，亦无所得，是谓"舍得"。原本是讲万丈红尘扑朔迷离，人在世上总会有得有舍。

舍得是一种人生哲学，是我们为人处世的世界观和方法论的具体体现。舍得，舍得，先舍后得，舍在前，得在后；小舍有小得，大舍有大得，不舍则不得。有舍必有得；有得必有舍。舍与得，看似相悖，却是一个事物的两个方面，相生相克，又相辅相成，是既对立又统一的矛盾体。万事万物均在舍得之中归结统一，达到和谐。

渔人在捕鱼，一只鸢鸟飞下，叼走了一条鱼。很多乌鸦看见了鸢鸟口中的鱼，便聒噪着追逐鸢鸟。鸢鸟不论飞到哪里，满天的乌鸦都是紧追不舍。鸢鸟无处可逃，疲累地飞行，心神涣散时，鱼从嘴里掉下来了，那群乌鸦便朝着鱼落下的地方继续追逐。鸢鸟如释重负，栖息在树枝上，心想：我叼着这条鱼，让我恐惧烦恼；现在没有了这条鱼，反而内心平静，没有忧愁。

如果情爱是束缚，你能舍去情爱，不就能得到自在了吗？如果骄慢是烦恼，你能舍去骄慢，不就能得到清凉了吗？如果妄想是虚妄，你能舍去妄想，

不就能得到真实了吗？如果挂碍是痛苦，你能舍去挂碍，不就能得到轻松了吗？所以能舍什么，就能得什么，这是必然的道理。

舍，看起来是给人，实际上是给自己。给人一句好话，别人才会回你一句赞美；给人一个笑容，别人才能对你回眸一笑。舍和得的关系，就如因和果，因果是相关的，舍与得也是互通的。

能够舍的人，一定是拥有富者的心胸。他的内心一定充满了欢喜，所以才能把欢喜给你；他的内心一定蕴藏着无限的慈悲，所以才能把慈悲给你。自己有财，才能舍财；自己有道，才能舍道。

有一个民间故事：父亲乐善好施，经常给贫者布施，他反而家财万贯。而他的儿子却性情贪吝。等到父亲去世后，儿子掌权，千方百计地搜刮别人的财富，最后天灾人祸，家遭不幸，一无所有。父子二人，一给一受，其得失有天壤之别，所以"以舍为得"，诚信然也！

舍，在佛教里就是布施的意思。布施，就如尼拘陀树，种一收十，种十收百，种百可以结果千千万万。所以若希望自己长命百岁、荣华富贵、眷属和谐、名誉高尚、身体健康、聪明智慧，先要问一问自己——你有播下春时种吗？否则，秋天怎么会有收成呢？

以舍为得，妙用无穷。金钱物质、知识技能，能将其舍给别人，你必然会得到金钱物质、知识技能。舍给别人好的，会得到好的；舍去性格上坏的，也会得到好的。当我们把烦恼、悲伤、无明、妄想都舍了，自然就会得到人生的一番新境界。

4. 看中"舍"背后的"得"，才能顺利挖掘人生第一桶金

我们不属于昨天，而是属于当下和未来，过去的一切就像流失的沙，回不来，也抓不住。忘记从前的一切，拥抱现在，迎接未来，才能展现出我们生命中向上的力量，我们也才能从中感受到前进的快乐。

更多的时候，大家只关注表面上的"舍"，又有谁能真正地明白"舍"背

后是更多的"得"呢？

所以必要的时候，我们一定要果敢地选择舍弃那些看似利益很大，其实却微不足道的东西，

或者说，我们要看中的是"舍"背后的"得"，才能顺利挖掘到人生的第一桶金子。

"舍"是"得"的前提条件

周春明是台湾一个非常普通的司机，人生没有奇遇，也不曾走过任何捷径。但他一直坚持认为，性格决定命运，每个想成功的人都必须有一个好的性格。而计较则恰恰是性格中的缺点，它是我们每个人在工作、生活、事业上的绊脚石。

周春明最初开车很随意，只顾自己高兴就好了。直到遇上乘客直言不讳："你不像个开车的！你有没有想过，台湾有15万出租车司机，任何人想入行，都可以分你的饭碗。"

周春明傻了，从此决心改变自己。他一旦下了决心，可真是不一样的变化：他开始不断琢磨顾客需要什么。这个问题一天到晚在周春明脑中反复出现，他不知道要向谁请教这个问题，所以只能一直问自己。

那一天，周春明又出现在了松山机场的计程车排班位置。就在周春明继续思考这些"不一样"的问题时，他发现前面有一点怪怪的：有一位客人不断上车，可是又不断下车，一连换了好几辆计程车。当时周春明排在第七辆的位置，那位客人就这样上上下下开了6辆计程车门。

"怎么回事？"周春明疑惑着。周春明注意到这位客人是一身商务人士的装扮。他心理推测着："难道这位客人是外籍人士，不会说中文，所以前面的运将不敢载他？"如果是这样，周春明就放心了。虽然他的英文很烂，但是他这个人的优点就是很敢说，不怕发音错和文法错，只要有机会，他就敢大声讲英文。

周春明做了一点心理准备，打算开口讲英文。这时，这位商务人士打扮的客人拉开了周春明的车门。

"我要去新竹。"

周春明心里立刻松一口气，原来他会讲国语嘛！但是，客人接下来的一句话就让周春明震撼了："1300元，去新竹！"

"什么？"周春明一下没反应过来，这话的确比说英文更令人震撼！因为以他们计程车规定行情价来说，长途载客必须考虑到油钱成本和回程的空车率，所以从台北到新竹的清华大学或是竹科，价钱一律是1600元台币，低于这个价格，就是亏本做生意了。面对这种状况，原则上，他们计程车司机是可以拒绝的。事实上，前面6位运将就是这样拒绝客人的。

但此时周春明非常犹豫，因为他才出来跑车没多久，同行的车都拼大台和豪华配备，而周春明的车型比较小，也没什么顶级配备。

"到底要不要接这个生意呢？是接这个长途却亏钱的生意，还是继续等待下一个生意？"周春明脑子里犹豫着。

谁说亏钱生意不能做？

"小周，你载他啦，你头脑好，也比较好心，你就去载他啦！"

机场的计程车排班组长突然来到周春明旁边，不断鼓动周春明接下这个生意。其实，周春明心知肚明，组长是想占他这个新手的便宜，想要他赶快接下这个烫手山芋。

"组长，这不是开玩笑，因为这真的吃亏。"周春明本能地说道。

"你吃亏，我也吃亏，大家都吃亏，这样子我没办法工作。拜托你把他带走，不然他一直站在这里，我们也很麻烦。"组长继续在周春明耳边拜托。

突然间，周春明心里响起一个声音：计较是贫穷的开始！于是，周春明不再有犹豫，心想也许这是他的机会，让他有机会和同行"不一样"！

想通了这一点，周春明爽快地说道："组长，没问题！我愿意载这位客人，但是你必须保证我不是因为降价而载客人，并且我想先跟这位客人谈一谈。"

"没问题！"组长一听周春明愿意载这位客人，立刻就笑开了。

"先生，你好！"周春明没有因为这位客人大砍价就对他摆脸色，而是对他说道："这位老板，你到新竹的预算是1300元其实是不合理的，因为从台北跳表跳到新竹就是1600元。"

"可是，我从新竹坐过来就是1300元。"周春明回答客人新竹和台北的计程车跳表方式不同。但客人不听。本来周春明还想再仔细解释一下，忽然想到一个点子："先生，这样好了，我用1300元载你到新竹，但是你能不能帮我出两张过路费？"

"好啊，没问题！那我们赶快出发吧。"

一张过路费是40元，1300元加上两张过路费的80元，这一笔1380元的新竹行，再怎么算都还是亏钱的。一路上，周春明没有因为勉强接下这个亏钱生意而发火和烦恼，他依然心平气和地与客人聊天，同时也在动脑筋仔细地盘算回程的计划。

周春明发现，当人平心静气的时候，乐观的心情会让人打开思路，满腹委屈、怨天尤人的心情只会让人脑筋打结。

当周春明把客人送到新竹时，他开车转个弯打算开回台北。突然，周春明眼睛一亮，想到了一个好主意："对了，我可以找客人一起共乘啊！"台湾清华大学那里有个客运站，很多商务人士会从那里搭车回台北。如果多接几个客人一起共乘，这一趟新竹行就可以打平成本。

"如果一个客人100元，4个共乘客人是400元，加上刚刚那趟新竹行的1380元，就是1780元，看来这趟完全不吃亏喔！"这就是周春明当时打的算盘。

结果，这个突发奇想并没有让周春明这趟新竹行转亏为盈。但是，周春明却赚到这辈子的第一个好机会——他遇见了他开计程车的第一位贵人！

"小姐，你要不要共乘回台北？"周春明稍微靠过去问客运站一位小姐。"哪有这么好的事？"这位小姐立刻不以为然地回答。"请问你坐汽车回台北要多少钱？"周春明接着问她。"110元。"

"喔，那坐我的车子100元就可以了。"

"什么？"这位小姐脸上露出了惊讶和怀疑的表情，并谨慎地打量着周春明。当时不知道是不是周春明看错了，他觉得这位小姐好像有点往后退。

这也难怪她会觉得奇怪，毕竟比客运更快更方便可是却更便宜的事情，难免会让人起疑。但是周春明绝对不是那种容易退缩的个性，他赶紧拿出车上的计程车登记证给她看。

"小姐，请看！这个就是我。我刚从台北载客人到新竹，现在要回台北，想要找人一起共乘，分摊一点成本。"

"这个好像是真的。可是，只有我一个人，我不敢坐。"这位小姐坦白地说。

"没关系，我们可以再等等其他的客人。"没多久，客运站出现了另一位小姐，周春明走过去邀她一起共乘。

这位小姐听完，虽然显得很惊讶，但她却回答得非常爽快："什么，100元到台北？这么便宜的车子怎么不坐，走啊！"

周春明有礼貌地请两位小姐坐上车，扣上安全带的时候，周春明心想：1380元加上200元，如果是其他同行，大概会坚持凑满4个客人再出发，但是周春明想1580元的价钱也算是勉强打平成本了，与其继续干耗时间，不如赶快开车，将两位客人送回台北。这一天奔波下来，炎热的天气非常容易让人口渴，周春明临时决定上高速公路之前先去买瓶水喝。

周春明把车停下来，对两位乘客只说了句口渴要去买水，两位乘客并没有多说什么。不过，当周春明回到车子时，他并不只拎着一瓶水，而是抱了3瓶矿泉水。

"小姐，天气这么热，你们也一定很渴吧？这两瓶水给你们喝！"

她们刚才看着周春明直接从便利超市走出来，手上抱着冰凉的矿泉水，大概都比较放心，就安心地接过来打开瓶子喝了。

如果是其他同行，不用算都可以马上知道，1580元减掉3瓶水60元，这下子只剩1520元了，没赚钱就算了，现在反而又亏损一笔。周春明只是单纯地觉得，既然自己很口渴，那刚才在太阳下等车的她们也一定又热又渴。当时的周春明，虽然还没有深刻理解服务的理念，但是他已经开始用"同理心"来思考服务的意义。

买水的目的是为了解渴，但令周春明意外的是，这3瓶矿泉水却改变了他的一生。当周春明把一位乘客送到台北的客运站时，另一位乘客黄小姐问周春明："司机大哥，我想请你载我到台北大学。"

"好啊！"

"那要怎么算车费，到了台北以后算跳表吗？"

"不用，待会不跳表，就含在那100元的车资里。"周春明随和地说道。

"真的吗？"她显得非常惊讶。

"没问题，当然是真的！"周春明爽快地答道。

下车时，她向周春明要了一张名片："司机大哥，我在企管顾问公司上班。如果以后有机会，我想请你帮我们从台北载老师到新竹。"

"好啊，谢谢你，黄小姐！"周春明恭敬地用双手把名片递给她。

这次生意之后，周春明又继续依照以前规划出来的黄金路线日复一日地跑车。对于黄小姐当时说的话，周春明并没有抱有特殊的期待，为客人做好服务本来就是他该做的，所以这并不值得特别骄傲和得意。周春明继续思考着脑子里的"差异化服务"，每天都在检讨自己哪里做得不够好，还可以加强哪些服务。

两个星期后，周春明的手机响了。

"你好，司机大哥！你还记得我吗？我是上次从新竹和你共乘回台北的客人。"

周春明感到非常意外，没想到她会真的打电话过来。大概是因为喜欢和人聊天的关系，周春明的听力和记性都特别好。

"是啊，我记得你。黄小姐，你好！"

"哇！司机大哥记性很好耶。有件事情我想麻烦你，我有个同事想请你帮忙，要从台北载一位老师到新竹，你能不能先报个价？"

周春明并没有因为突然接到这个案子而狮子大开口，相反，他报的价格比行情价更优惠。黄小姐也认为他报的价格很合理，于是周春明就在约定的日子里去学校去接老师。

除了在车上准备一瓶矿泉水之外，周春明不知道自己还能加强哪些服务。大学老师的时间分秒必争，好在周春明出门前已经做好了功课，找到了去新竹的捷径，大约一个小时二十分钟就能够把老师送到新竹。

抵达台湾大学时，周春明看见企管顾问公司的一位女同事正拿着快餐店的汉堡餐袋交给老师。

周春明看着那个纸袋想了很久。

当然，周春明不是因为肚子饿而盯着纸袋看，而是在思考：是否可以在车上多准备一些东西，让老师在这一个多小时的车程当中可以好好休息？那么，什么是他想要的？什么是他不想要的？"

对！就是这句话："什么是客人想要？什么是客人不想要？"

假如用这样的方式来思考，周春明就可以先帮邱老师准备一份餐点，让他在这段车程里先填饱肚子，然后在车上睡个觉，养足精神。这样，他就可以精神饱满地迎接下午的行程了！

做服务的要领就是站在客人的立场，在客人开口之前就先找到客人的需求。帮客人把杯子里的水加满，帮客人捡起从椅背滑落下来的外套，提醒客人小心后方来车……

只要把我们自己当作客人，就可以找到什么是客人想要的，什么是客人不想要的。

周春明本来以为这只是一次普通的生意，没想到他的这些想法到后来有幸能成为一个常态的合作模式。周春明开始固定为这家企业管理顾问公司从台北载老师们到新竹演讲或是开会办公。在没有固定客源的计程车职业中，周春明给自己开拓出了一条长途载客的固定客源。

就是这个一念之间的想法改变了周春明，让周春明找到了自己想要的服务方式，价值20元的这瓶矿泉水为周春明建立起了一个标榜服务的车队，从此改变了他的人生。周春明不断创造属于他的差异化，在一次又一次的服务中，让客人感受到自己与其他运将的差异。透过这些服务，这些贵人们也为周春明织起了一个网络，他们都是周春明这辈子最珍惜的人脉存折。

那位黄家琪小姐就是周春明第一个询问共乘的那位小姐。从怀疑、好奇、信任，到成为周春明创业之路上的第一个贵人，周春明真的非常感谢她！在这段时间里，她也已经从企管顾问公司的专员升任为公司经理，而周春明也从一个单打独斗的运将成为了车队的领导者。

周春明说："计较是人性的缺点，它让我们失去了太多宝贵的东西。当你和钱斤斤计较的时候，钱也会和你斤斤计较。只有当你不是为了钱而活着的时候，你才可能获得更多的钱，金钱只是成功的附带品。"

可见，"舍"确实是"得"的前提条件！

曾经有个商人在阐述自己的成功经验时说："钱财，就好比流动的泉水。那些靠机巧和欺诈获取财富的做法，就好像自己堵塞了泉水的源头；而那些吝啬的做法和奢侈挥霍的做法一样，都会使流动的泉水枯竭。一般人只知道奢侈挥霍是错误的，却不知道吝啬也是一种错误。圣人常说，应该以义为前提去获取利益，见义不为则没有君子之勇。所以，把钱财用在合乎义理的事情上，不仅不会使水流枯竭，还会扩充源流使其壮大，这才是行商的大道。"

5. 小舍小得，大舍大得，不舍不得——舍得是财富的金钥匙

细心观察就会发现，事业成功人士的思维与老百姓的思维真的有很多差异。也就是因为这些思维差异，大多数老百姓一直平庸着。具体来说，就是"舍得"两字。

普通老百姓在每天的消费中，都会习惯性地花半小时去砍砍价，省一点小钱——小钱精明；但他们银行账户里说不定就存着20万~30万元现金——只是趴在银行，收取微薄的利息。

30万元存款，如果仅仅要求年回报率达到10%，一年产出的利润就是3万元。目前国内环境下，达到每年10%的回报率并非难事——至少应该比天天砍价要省劲儿得多。

老百姓不关心天下事，只低头看着自己生活中的微小事情；他无法预见未来的社会变化，只能不断叹息：这个世界变化快。

富翁正相反：喜欢留意大事情，对未来发生的变化，他有远见，早有预

备，适应得很好，还会利用别人暂时见不到的机会大捞一把。

比如，几年前，富人们已经感觉到人民币将要升值，于是纷纷及时将自己手中的部分美元换成人民币，避免了足足5%~10%的汇率损失。

反观老百姓，未尝有这种先知先觉的"灵敏"，年年都无奈地看着手里的美元贬值，只怪自己没有一些观察宏观经济趋势的本领。

再比如，以事业发展来说，老百姓喜欢到大企业里面办事，工作环境比较稳定；富翁却教育自己的孩子不要介意到小公司锻炼，甚至鼓励他们自创一家小公司。

以住房来说，老百姓很计较物业管理费，觉得越少越好。但越少物业管理费的住宅小区，由于缺乏人员打理，往往是住了5年就已是破破烂烂。为了省一点物业管理费，房子未来的升值空间全被破坏掉了，这是老百姓"小钱精明，大钱糊涂"的经典案例。

以选择银行的理财产品而言，一般老百姓都会挑选"保本"计划，觉得年回报有3%~5%就已经满足了；富翁往往爱冒一点风险，去购买一定比例的股票型基金，回报赚多一点，但也冒一定的风险。因为他们明白，低风险，便是低回报——要保本，便不可能有太高的回报。

其实，老百姓工作都很努力，甚至可以说比富翁更努力，为何大家都一样付出，一个富起来，另一个却没有？

"小钱精明，大钱糊涂"，是老百姓的真实写照；"小舍小得，大舍大得，不舍不得"，是富人的成功之道。

曾经有一个农民刘良才回家做酒，由于他使用了新的酿酒技术，不但降低了成本，提升了酒的质量，还提高了20%~40%的产量。按计算，他应该比别人多得1/3的利润，可他不但没有打算要这多出的1/3的利润，还计划着让出20%的利润。而且，他的酒质量更好、口感更醇，服务态度也更和气，总是笑脸相迎。

可想而知，大家当然更乐意买他的酒。即便是不熟悉的人也会打点酒来尝尝，觉得不错，人家自然就成了他的忠诚顾客。这样一来，大部分顾客都放弃了原来熟悉的传统做酒师傅，而很快和他这个新师傅熟悉了起来，甚至很多散装白酒的经销商都亲自上门要求代销，他的酒不到两个月就占据了全镇大半个散装酒市场。

试想一下，假如他事先不放弃这诱人的利润，死死地拽住自己应该收获的一分一厘，而他又刚回家做酒，很多人都不知道，家里原来的酒市场早就有人占据着，要想分得一块蛋糕，是不是没那么容易？

凭什么要别人选择买你的酒？凭什么要别人放弃原来熟悉的合作伙伴？这就要看我们是不是够舍得。

很多时候，我们不但要舍得，还要"舍"得巧妙，"舍"到到人心里去。

刘良才打算让出20%的利润，却不是降价，而是免费赠送。只要是购买他做的酒，他就再赠送1/5的酒。每买5斤酒，他就送1斤；每代销50斤酒，他就送10斤。这不但达到了让利的效果，还不会因为他的降价而让其他传统做酒师傅觉得他搅乱了原来的市场，其他做酒师傅对他也就不会有什么意见，这样他的酒要打开市场也就不成问题了。

由于"一粮九酿"技术还可以利用做酒剩下的粮食发酵液制作成低成本的饮料、果冻、酱油、食醋和珍珠奶茶等9种食品，刘良才更是很好地利用了这一点，不但免费赠送白酒，还免费赠送饮料、果冻和酱油等。这样等到人们下次要购买饮料时。自然就会想起他的饮料来，就像冥冥之中注定"有舍就有得"一样，这为他后来的饮料、果冻和酱油等又开辟了市场。

只要舍得，生活之中很多东西都是可以相互借鉴的。聪明的刘良才后来又如法炮制了他的饲料市场和药酒市场。由于用高效秸秆饲料配方可以用酒糟配制出成本才2毛多一点的全价饲料，刘良才首先将他的低成本饲料免费赠送给人们养猪，当大家觉得这种饲料不错时，他才以5毛钱一斤的价格(还不到市场最低饲料价格的一半)卖出去。而药酒就更要舍得了，如果不让大家事先试用一下，人们怎么会相信你的药酒疗效不错呢？

"舍"与"得"的交织和转化，是贯穿很多富人创业史的一条主线。同时，奉行"舍得"之道，"苦中作乐"，也是他们在工作上坚守的准则。

1967年，祝义才出生于安徽桐城一户贫苦农家。"义"是家族排序，而"才"则寓既有学识又有财富之意。对于从严重自然灾害中熬过来的这一家人来说,"义才"两个字寄托了父母对他无尽的祝福与希望。

祝义才果然不负家人厚望,高中毕业后,他凭着优异的成绩考上了合肥理工大学。由于家境窘困,他半工半读完成了学业。多年后回忆起这段日子,他说:"在1990年之前,我经手最多的钱是每月30元的生活费。那时我明确的金钱概念在两位数以内。"

大学毕业之后,祝义才被分配到了安徽省交通厅属下的海运公司。对于一个穷人家的孩子来说,这意味着他从此摆脱了面朝黄土背朝天的命运,真正跳出"农门",吃起了"皇粮"。多年的努力换来这样一个结果,换成别人,肯定早就心满意足了。然而,在老老实实过了一段机关生活之后,祝义才骨子里的不安分因素开始发作了。他说:"这样整天坐在办公室里,逐渐老去,我觉得很可怕。""我不想在一张办公桌前坐到老。"

1990年,祝义才毅然放弃安定的工作,下海经商。他的想法很简单,给自己一个机会,不成功就回家种地去。就凭着这样一股初生牛犊不怕虎的精神和他日积月攒的200元钱,年轻的祝义才义无反顾地"跳下了海"。这一跳,便跳出了十几年后坐拥数百亿资产的商界大亨。

200元,可是当时祝义才的全部家当。下海之后,"铁饭碗"丢了不说,如果混得不好,连这200元钱的积蓄都要泡汤。当时谁都觉得祝义才胆子有点"忒大了"。

做决定容易,可是决定之后该怎么继续呢?路在何处?当祝义才真的怀揣200元积蓄,进入"商海"时,才发觉自己真的是一穷二白:既无资金,也无背景。多年后,他回忆起从前,说:"说老实话,连我自己心里也没底。"

从下海之初的200元到他人生的第一桶金480万元,"皇粮"与百万财富之间的一"舍"一"得",给祝义才带来了极大的震撼,也坚定了他创业的信心和决心。

按说,一个穷苦人家出身的年轻人第一年下海就能如此顺利地赚到这样一笔大钱,该满足了。但祝义才却是天生的商人,他的梦想绝不仅止于"脱贫"。在成功地赚到第一桶金之后,他开始思考接下来的路该怎么走。他可以继续做水产,而且还可以做得相当好。但做水产的前景如何呢?祝义才没有信心。这时，"舍得"的哲学帮他作了决定，为了长远的发展，他放弃了触手可及的成功，选择艰难的转型。

1990年底，祝义才放弃了水产品贸易，因为他始终不能将这份为他带来滚滚财源的生意视作他真正的事业。他说："做贸易，我不踏实。贸易做得再好，也只是个中介，干实业才算是人生事业。我得创立新的项目，拥有新的市场。"

1991年3月，祝义才回到安徽，投资450万元，在合肥双岗区张洼路成立了华润肉食品加工厂，从设备安装调试到投产仅用了15天时间，自行研制的红肠系列肉食品也迅速在当地打开局面。

可是似乎是上天想要考验祝义才的诚意，合肥要扩建火车站，祝义才的食品加工厂不得不搬迁。无奈之下，祝义才决定舍弃自己在家乡的事业，另谋他处。1992年12月，他变卖机器设备，携资300万元和数十位一起艰苦创业的员工，奔赴南京，来到雨花台区的沙洲乡，住进了已经倒闭的沙洲灯泡厂。1993年初，60人的雨润食品厂正式投产。从此，一个响当当名字在中国的大江南北迅速走红。

当初不起眼的小买卖，终于被祝义才用三四年的时间，做成了大事业，而雨润也成为国内低温肉制品行业的领军企业之一。

"我是一个简单、平凡的人。"面对媒体，祝义才总是用这样一句话来评价自己。而在谈及自己的创业史时，他就明显变得决断而有魄力。他说，作为一个经营者也好，作为一个人也好，最要紧的就是懂得"舍得"二字，没有"舍"就没有"得"。而舍得眼前得失，着眼长远战略，也是他的制胜之道。

林先生现在是一家电镀公司的董事长。早年开的这家电镀厂，因为资金不足，入伙的有6个人，大家都是股东，在公司里也担任一些管理职责。工厂起步的时候，大家只知道电镀工艺很赚钱，但对这一行都不是很懂，技术人员也不稳定，所以公司发展得很辛苦。之后的两年时间，随着这一行的利润公开，又有不少新电镀工厂迅速成长起来，竞争越来越激烈。到后来的时候，公司虽然已是业内的老牌工厂，却仍然有很多客户在游离着。大家都知道，电镀厂家多了，客户的选择面也广了。

　　某月，经过公司业务经理(股东之一)的努力，他们争取到了一家国际手机品牌客户的订单。客户的手机外壳需要表面电镀，量很大，为了保险起见，客户分别考察了好几个电镀工厂，然后给林先生的电镀厂下了一部分订单，每月供货量是20万个，占总订单的1/5。其它份额，则给另外两家工厂去生产。

　　按林先生工厂的生产能力来算，这一部分单不算多。国际品牌手机客户的单，林先生很重视，亲自到生产现场去督察了几次，颜色、油漆质量、耐磨防脱性都一一叮嘱。交货两个月后，客户仍没有增加订单量的意思。林先生经过一翻了解，得知另外两家的交货无论从交期配合度还是质量上，都控制得非常好，大家不相上下。

　　眼看生产淡季就要到来，林先生召集股东们开会。股东们觉得现在工厂一切见好，有固定的订单，根本不需要这么紧张。而林先生的意思是，要把客户的另两家供应商的订单也争取过来，股东们觉得林先生的胃口太大了，一致反对。反对的理由就是："一旦货出现任何问题，工厂赔在一家客户身上，不值得。而且，为了做这一个客户的单，工厂本身已经失去了原来的客户，这个客户的单做完后，又要重新去找客户，这种局面会让工厂无法正常运转。"

　　林先生非常恼火，股东6个人，除一个人没发表态度，其他全部反对。而客户的订单一直都只是1/5的量，饿不死，也吃不饱，林先生恨得咬牙，又不得不勉强忍住。

　　这一天，林先生找到生产计划人，详细了解了生产状况。车间的生产很平稳，库存几乎没有，做完一批就给客户送去。林先生问："如果再增加80万的订单，可以吗？"计划人说："可以，不过，我至少还需要增加40个人，再开一条生产线。"林先生没说什么，只告诉仓库和品质部，这一批货做完后，暂时先不出。品质部本来有异议，但老总发话，他们不得不听。

　　原定交期过了3天，客户打电话来催交货，林先生让业务把电话转到了他的办公室。听到客户在电话里的抱怨，林先生笑笑，说："我们这一批货有一点小问题，我们的技术人员正在处理，你再给我两天时间。"其实货就好好地放在仓库,一点问题也没有。

两天后,林先生主动打电话给客户,说:"这一批货,我个人觉得不能送来。因为经防脱落测试,发现比之前的性能差了一点。现在库存做好了5万个,我要把它们都销毁掉,重新生产的素材,我们会以购买的形式从你处拿来重新电镀。你看可以吗?"客户听完大吃一惊,这5万个成品投入了多少成本啊,油漆、人工、水电,还有手机塑胶壳的素材,你林先生就因为一点点脱落测试不满意,就当作不良品销毁掉?

当天,客户就派了两个品质人员来确认。经过再三测试,他们觉得问题并不是很严重,还是可以当良品收纳的。但林先生坚持不能送货,说:"我们会尽快重新生产一批,但这一批,我们的品质都不通过,怎么能送给你们呢?我们做的是品牌加工商,你们是国际品牌手机,我们更不能将就着送货出去。"随即吩咐仓库,用化工药剂把5万的成品处理掉了。

股东们个个气愤激昂,这一批销毁,公司至少损失了10万块。大家觉得林先生是自作聪明,给公司造成了这么大损失,有人甚至在林先生面前拍桌子,要求退股。

给客户的补货生产在3天内完成了,林先生亲自将货送上门。客户采购经理见到林先生,把林先生引荐给了公司总监。3个小时后,公司总监对采购经理说:"以后所有手机外壳的电镀加工订单全部给林先生做。他们的品质,我们最应该放心。"

从客户处回来后,林先生叫人事部加紧招工,而原先那些游离的客户们都取消了合作,同时取消合作的,还有另外4个股东。林先生的这一举动在业内传开后,公司的名气更大了,但凡对电镀行业略知一二的,都知道林先生的这家公司。最重要的是,大家都知道林先生的公司对客户的品质要求非常认真,没有任何一家公司敢说自己的不行,要主动销毁!

有些人总是很贪心地希望美好的东西都属于自己,甚至有时候为了那么一点点的欲望都要斗得鱼死网破。可是,很多时候,只要你愿意舍弃一棵树木,便能得到一片森林。

一个青年向一位富翁请教成功之道。富翁拿了3块大小不等的西瓜放在青年面前说:"如果每块西瓜代表一定程度的利益,你选哪块? "

"当然是最大的那块!"青年毫不犹豫地回答道。富翁笑了笑说:"那好,请吧! "

富翁把那块最大的西瓜递给了青年,而自己吃起了最小的那块。

很快富翁就吃完了,随后拿起书桌上的最后一块西瓜得意地在青年面前晃了晃,大口吃了起来。

青年马上明白了富翁的意思:富翁吃的瓜虽然不比自己的瓜大,却比自己吃得多。

如果西瓜代表一定程度的利益,那么富翁占的利益自然就更多。

做企业就像吃西瓜,要想使一个企业有大的发展,管理者就要有战略的眼光,要学会放弃,学会舍得。只有放弃眼前的诱惑,才能获得长远的利益。

第九章 ■

态 度 篇

——持之以恒直面挑战，立足实际有始有终

人生有顺境也有逆境，真正的人生需要逆境的不断磨炼。

如果面对过往的一切，独自感叹后悔，只能说明我们的愚蠢和消极。

若想要走出没有后悔的人生路，我们就必须积极面对未来，不对过往的一切念念不忘。

1. 活在当下，永远不后悔

你是在向前看，还是在频频回眸？是在坎坷路上不懈奋斗，还是在遭遇挫折后郁郁寡欢？

汉德·泰莱是纽约曼哈顿区的一位神父。

那天，教区医院里一位病人生命垂危，他被请过去主持临终前的忏悔。他到医院后听到了这样一段话："仁慈的上帝！我喜欢唱歌，音乐是我的生命，我的愿望是唱遍美国。作为一名黑人，我实现了这个愿望，我没有什么要忏悔的。现在我只想说，感谢您，您让我愉快地过了一生，并让我用歌声养活了我的6个孩子。现在我的生命就要结束了，但死而无憾。仁慈的神父，现在我只想请您转告我的孩子，让他们做自己喜欢做的事吧，他们的父亲会为他们骄傲的。"

一个流浪歌手，临终时能说出这样的话，让泰莱神父感到非常吃惊。这名黑人歌手的所有家当就是一把吉他，他的工作就是每到一处，把头上的帽子放在地上，开始唱歌。40年来，他如痴如醉，用他苍凉的西部歌曲，感染着他的听众，从而换取那份他应得的报酬。

黑人的话让神父想起5年前曾主持过的一次临终忏悔。那是位富翁，住在里士本区，他的忏悔竟然和这位黑人流浪汉差不多。他对神父说："我喜欢赛车，我从小研究它们，改进它们，经营它们，一辈子都没离开过它们。这种爱好与工作难分、闲暇与兴趣结合的生活，让我非常满意，我也从中赚了大笔的钱，我没有什么要忏悔的。"

白天的经历和对那位富翁的回忆，让泰莱神父陷入了思索。当晚，他给报社去了一封信。信里写道："人应该怎样度过自己的一生才不会留下悔恨呢？我想也许做到两条就够了：第一条，做自己喜欢做的事；第二条，想办法从中赚到钱。"

后来，泰莱神父的这两条生活信条，被许多美国人信奉——的确，人生如此，也没什么好后悔的了。

犯错后，请学会原谅自己

我们之所以对以前的某个错误耿耿于怀，迟迟不肯原谅自己，多半是因为我们为之付出了一定的代价。可是，不能原谅又能如何？代价不能再收回，但是我们的心情可以回转，也需要回转，因为生活还要继续。

安雅宁进入公司刚刚一年，因为表现优秀，很受领导器重，她也暗下决心一定要做出成绩来。一次，上级领导要她负责一个企划案，为一个重要的会议做准备，还透露说如果这次企划案能赢得客户的认可，她将有可能被调到总公司负责更重要的职务。对安雅宁来说，这是个千载难逢的机会。所以，她非常卖力，每天都熬夜准备这份企划案。

可是，到了会议的那天，安雅宁由于过度紧张，出现了身体不适，脑子一片混乱，甚至没有带全准备好的资料，发言的时候词不达意，出现了几次中断，会议的结果可想而知。

失去了一个这么好的机会，安雅宁懊恼不已。之后，由于她的状态一直不好，又有过几次小的失误，她对自己更加不满了。以前自信的她，现在忽然觉得自己不适合这个工作，不然为什么老是在关键时刻出错呢？她开始惩罚自己，经常不吃饭，想通了又暴饮暴食，或者拼命地喝酒。

安雅宁的情绪越来越不好，领导找她谈过几次话，宽慰她过去的事情都过去了，人应该向前看。虽然她的情绪渐渐稳定了下来，但她还是不能原谅自己，没有心情做好手中的事情，以致对工作失去了当初的信心。最后，她不得不递交了辞呈。

很多人在犯错之后，不能原谅自己，甚至憎恨自己，进而影响到现在乃至未来做事的心情。如果憎恨过于强烈，就无法洗心革面，无法看到希望的曙光。所以，不如反过来想一想，错误既然已经犯下了，再惩罚自己又有什么用呢？而且，你已经为此付出了沉重的代价，为什么还要搭上现在和未来呢？

只有原谅自己，才能重新调整心情，开始新的生活。而那些无法原谅自己，始终对自己的过去耿耿于怀的人，是得不到人生幸福的。

每个人都希望自己的人生道路和事业道路能够一帆风顺，最好不要犯任何错误，但这一观念是不符合自然规律的，只不过是人们自己的一厢情愿罢了。"人非圣贤，孰能无过。"无论是在工作中还是生活中，犯错本来就是难以避免的事情。关键不在于你犯的错本身，而在于你犯错之后的反应。

常常听一些人痛苦地说："我永远无法原谅自己。"可是，不原谅又能如何？那等于把自己推入了一个永不见底的深渊，从此再也看不到希望和光明。

犯错本身并不可怕，可怕的是我们失去了直视它的勇气，更可怕的是我们从此失去做事的心情，以至于赔上了现在和未来。所以，切莫再抓住过去的伤疤不肯放手，赶快从自怨自艾的泥潭中跳出来，朝气蓬勃地投入到新的生活和事业中去吧！

只有真正从心底里原谅自己,才能驱走烦恼,让心情好转。学会原谅自己,不是给自己找借口,而是平静地分析我们过去的错误,从而在错误中得到教训,做到"经一事,长一智"。

学会豁达,丢失的东西抱怨一次就够了

如果是主动舍弃,或许人们的烦恼就没那么多了,偏偏生活中有很多东西是被迫舍弃的,于是,很多人常常会因为失去一些曾经拥有的东西而无比心痛,或者因过去的某个过错而一直耿耿于怀,不肯轻易原谅自己。

一味地追悔过去,只会令自己困在死胡同里,进而让事情变得更糟糕,让自己的内心永远得不到安宁。正如莎士比亚所说:"一直悔恨已经逝去的不幸,只会招致更多的不幸。"

想要不为过去的种种烦恼,唯一的方法就是学会豁达。

空间不能逆转,时间无法倒流,无论你为过去怎样后悔和烦恼,都只是徒劳,更会浪费你的精力和时间。

要知道,当你为失去太阳而难过不已的时候,你也将会失去天空的点点繁星。

一个妇人外出办事,不小心把自己的伞弄丢了。于是在回家的路上,她一直十分懊恼,不停地责怪自己为什么那么粗心,还时不时地想雨伞到底被自己放在哪儿了,看到街上有人提着和自己颜色相同的伞,就在想那是不是自己的伞。就这样,她不知不觉到了家,坐下之后,她忽然发现自己的钱包不见了。原来她一直惦记着丢雨伞的事情,因为仓促、惶恐和不安,连自己的钱包丢了都没有发现。

试想,如果这位妇人在丢伞之后能够豁达一点,洒脱地不放在心上,又怎么会因一时大意而丢了钱包呢?

对那些已经发生的事情耿耿于怀、反复思虑,无疑是在白白浪费自己的精力。既然那些已经发生的事情无法重来,为什么不豁达地放下?

2. 耐得住寂寞的心境，才能守住繁华

人生在世，不如意事常八九，身处逆境倒也寻常。但这些不如意的事如果都一股脑儿砸在一个人的头上，那便是到了人生的低谷。对于懦弱之辈来说，那是万劫不复；而对于意志坚强者而言，倒不失为一种锻炼，甚至是一种享受。

跌落在低谷的泥沼中，原本就遍体鳞伤、伤心欲绝、不知所措，总需要一段时间用来检讨、思考，仰首观察能走出低谷的路。只是，每迈一步，都是那么疲惫，那么艰辛，那么痛苦，那么险恶万分。

于是，意志薄弱者作了一番无谓的挣扎后，颓废了，绝望了，索性坐下，木然地承受着灭顶的痛感。

而心存侥幸者，却是异样的气定神闲。他只是等待，也只会等待，心中默念着对上帝的希冀，幻想着救命的绳索从天而降，或是有一架牢固的登云梯突现眼前，然后哼着小调，优哉游哉地登上峰顶。然而，恐怕望干了双眼、等白了头，这种际遇也不会出现。

只有意志坚定者，在痛定思痛之后幡然觉醒，一边在泥潭中奋力跋涉，一边躲闪不时袭来的暗箭和石块，审视着四周的悬崖峭壁，思索着攀登的方法，而后便是尝试。哪怕是一棵小草、一段枯枝，或是峭壁上的一个凸起，也是攀登的路，也是希望所在。

你是上述三种人中的哪种呢？

被日本人推崇为"经营之神"的著名企业家松下幸之助，曾经历过卧病在床、发不出薪资的窘境。他在自己的一本书中回忆这段日子时说道："只要我们本身具有开拓前途的热忱，从心灵深处拜各种事物为老师，虚心去学习，前途依旧是无可限量的。"

所以说，不要担心，只要生命仍然继续，咬紧牙关撑过去，明天我们就能享受幸福和欢愉。

约翰的父亲曾经是个拳击冠军,如今年老力衰,病卧在床。

有一天,父亲的精神状态不错,对他说了某次赛事的经过。

在一次拳击冠军对抗赛中,他遇到了一位人高马大的对手。因为他的个子相当矮小,一直无法反击,被对方击倒,连牙也被打出了血。

休息时,教练鼓励他说:"别怕,你一定能挺到第12局!"

听了教练的鼓励,他也说:"我不怕,我应付得过来!"

于是,在场上,他跌倒了又爬起来,爬起来后又被打倒,虽然一直没有反攻的机会,但他却咬紧牙关支撑到了第12局。

第12局眼看就要结束了,对方打得手都发颤了,他发现这是最好的反攻时机。于是,他倾尽全力给对手一个反击,只见对手应声倒下,而他则挺过来了,并由此获得了其拳击生涯中的第一枚金牌。

说话间,父亲额上全是汗珠,他紧握着约翰的手,吃力地笑着说:"不要紧,才一点点痛,我应付得了。"

看着父亲,约翰也想起自己经历过的那段苦日子。当时碰上了经济大危机,他和妻子先后都失业了。但是为了生活,他们夫妻俩每天仍努力地找工作。晚上回来时,虽然总是望着彼此摇头,但是他们从不气馁,而是相互鼓励说:"放心,我们一定能应付过去。"

如今,一切都过去了,约翰一家人又回到了宁静、幸福的生活中。

而每当晚餐时,约翰总会想到父亲说的那段话,因此他想要将这段话传播开来。他要告诉孩子们与朋友们,甚至是他遇到的每一个生活艰苦的人:在困境中要告诉自己"我一定能应付过去"。

在人生的海洋中航行,不会永远都一帆风顺,难免会遇到狂风暴雨的袭击。在巨浪滔天的困境中,我们更要坚定信念,随时赋予自己生活的支持力,告诉自己"我一定能应付过去"。

当我们有了这份坚定的信念,困难便会在不知不觉中慢慢远离,生活自然会回到风和日丽的宁静与幸福之中。唯有相信自己能克服一切困难的人,才能激发勇气,迎战人生的各种磨难,最后成就一番大业。

正如孟子所云:"天将降大任于斯人也,必先苦其心志,劳其筋骨,饿其体肤,空乏其身。"只要在逆境中保持乐观的精神、竞争的雄心,不断地向上爬,就能看到无限风光在险峰。要记住,人处低谷,那是"置之死地而后生"的人生潜力的发掘。在低谷的寂寞中成长,你会变得更强大。

把暂时的落寞当成一次小憩

仙人球这种植物长得很慢,三四年过去了,仍然只有苹果大小,甚至还有些未老先衰的模样。它们总是被放在阳台上不显眼的角落里,一年两年,渐渐被人忘记。

然而,终有一大,它能从阳台角落里突然长成一支长喇叭状的花朵,花形优美高雅、色泽亮丽。数年的默默无闻,只为换来一朝的绚烂绽放。

都说古来圣贤皆寂寞,很多时候,可能我们的才能没有被领导及时地发现,像仙人球一样被安置到了角落里。这个时候的落寞只有自己忍受,那是一场痛苦的挣扎。然而,如果我们能抛开失落带来的消极情绪,在角落里默默地积蓄力量,就算是一棵不起眼的小仙人球,也能开出令人惊叹的花。

正如马克思所言:"一种美好的心情,比10副良药更能解除生理上的疲惫和痛楚。"在人生的跑道上,不要因为眼前的蝇头小利而沾沾自喜,应该将自己的目光放长远,只有取得了最后的胜利才是最成功的人生。

想要得到快乐,就必须具备承受痛苦和挫折的能力。这是对人的磨炼,也是一个人成长无法避免的磨难。当我们遭遇挫折时,往往会感到失落迷茫,缺乏安全感,难以安下心来,工作和生活都会受到影响。这个时候,我们必须理清头绪,再接再厉,锲而不舍。既然你的目标不变,而现阶段的努力又无法达到自己的愿景,那就将努力的程度加倍。

真正的智者,能够正确地看待失败,从失败中找出自己与别人的差距,吸取教训,韬光养晦,以求最终成功,战胜对手。所以,我们应该不以物喜、不以己悲,努力保持旷达的胸怀,这样才能收获到成功的硕果。

"我们人的生活方式有两种:第一种方式是像草一样活着,你尽管活着,每年都在成长,但是你毕竟是一棵草,吸收雨露阳光,但是长不大。人们可以踩过你,但是人们不会因为你的痛苦而产生痛苦;人们不会因为你被踩了而来怜悯你,因为他们根本就没有看到你。我们每一个人,都应该像树一样地成长,即使我们现在什么都不是。但是只要你有树的种子,即使你被踩到泥土中,你依然能够吸收泥土的养分,使自己成长起来。当你长成参天大树以后,在遥远的地方,人们就能看到你,走近你。活着是漂亮的风景,死了依然是栋梁之才,活着死了都有用。这就是我们每一个同学做人的标准和成长的标准。

每一条河流都有自己不同的生命曲线,但是每一条河流都有自己的梦想,那就是奔向大海。我们的生命,有的时候是泥沙,你可能慢慢地就会像泥沙一样沉淀下去。一旦你沉淀下去了,也许你就不用再为前进而努力了,但你将永远见不到阳光。所以,我建议大家,不管你现在的生命是怎么样的,一定要有水的精神,像水一样不断地积蓄自己的力量,不断地冲破障碍。当你发现时机不到的时候,把自己的厚度积累起来,当有一天时机来临的时候,你就能够奔腾入海,成就自己的生命。"

正如俞敏洪说的,人生需要积蓄力量,才能不断前行。面对曲折压迫,弱者只有无谓的唉声叹气,希望以一抹眼泪求得别人施舍,希望别人能够手下留情。然而,在优胜劣汰的生存环境中,能够立足于世界之林的都必须是强者。因为他们知道如何直面现实,正视挫折,暗中积蓄力量,"一旦红日起,依旧与天齐"。

忍受寂寞就是在守候成功

成功路上,往往是琐碎的事为我们的成功打下了基础。其实,工作本无大事、小事之分,这些都在你的职责范围内。一个人在平凡的工作中,只有力求高效、完美,体现服务和奉献精神,才能在公司中脱颖而出。许许多多的职场中人,都应该练就正确的心态,培养承受寂寞的能力。

成功的路上充满艰辛,坎坷、无耐、寂寞、孤独常常伴随在身边。在追求的过程中,当寂寞成为一种切身的感受、生活的状态时,成功看似遥遥无期,其实它正悄悄到来。耐得住寂寞,就是在守候成功。

有一个普通的女孩,她的梦想是站在舞台上唱歌。虽然这个女孩子并不漂亮，但这并不妨碍她追求自己的梦想。但是有一天，她的梦想受到了打击。在一名著名音乐人的制作室里，一盆冷水向她泼了过来："你的嗓音和你的相貌同样不漂亮，我看你很难在歌坛中有所发展。"

听了这话以后，女孩并没有选择离开，反而默默地留了下来。梦想那么远，成功那么远，她能做的只有把握好现在。她端茶、倒水、制作演出时间表、替歌手拿演出服装……别人问她为什么，她郑重地说："不为什么，这里是离我的梦想最近的地方。"

终于有一天，她微笑着站在了自己的舞台上，用并不惊艳但十分温暖的嗓音感动了在场所有的人。她就是刘若英。在成为歌手之前，她忍受着巨大的寂寞和无助，但她从来都没有放弃过自己的梦想。

成功从来都伴随着痛苦和寂寞。寂寞，是成长所必须承受的"痛"。成功之前，只有你一个人在踽踽前行，没有鲜花，没有掌声，没有赞美，得到的只有嘲笑和打击，没有人把目光留在你身上。在成功到来之前，你需要一天天在冷清中度日，而且还得继续前行。然而，有人将这份寂寞当成了一种储蓄，以积少成多的投入换取更丰盛的财富，积存在生命的仓库中。

一位美国心理学家曾经做过一个实验，并长期跟踪了下去。心理学家给一些4岁的小孩子每人一颗非常好吃的软糖，同时告诉孩子们，如果马上吃，只能吃一颗；如果等20分钟，则能吃两颗。面对糖果的诱惑，有些孩子急不可待，马上把糖吃掉了；另一些孩子却能等待对他们来说是无限漫长的20分钟。为了使自己耐住性子，他们闭上眼睛不看糖，或头枕双臂、自言自语、唱歌，有的甚至睡了。最后，他们终于吃到了两颗糖。

这个实验后来一直继续了下去，那些在他们几岁时就能等待吃两颗糖的孩子，到了青少年时期仍能等待，而不急于求成；而那些迫不及待只吃了一颗糖的孩子，在青少年时期更容易有固执、优柔寡断和压抑等个性表现。

当这些孩子长到上中学时，就会表现出某些明显的差异。对这些孩子的父母及教师的一次调查表明，那些在4岁时能以坚忍换得第二颗软糖的孩子往往能成为适应性较强、冒险精神较强、比较受人喜欢、自信、独立的少年；而那些在早年已经不起软糖诱惑的孩子则更可能成为孤僻、易受挫、固执的少年，他们很容易屈从于压力并逃避挑战。

研究人员在十几年以后再考察那些孩子现在的表现后发现，那些能够为获得更多的软糖而等待得更久的孩子要比那些缺乏耐心的孩子更容易获得成功，他们的学习成绩要相对好一些。在后来几十年的跟踪观察中，有耐心的孩子在事业上的表现也较为出色。

在这个试验中，糖果是一种诱惑；在追求成功的过程中，学会寂寞就是在拒绝诱惑。当对梦想的渴望更强烈、对成功的目标更坚定时，忍受得了寂寞，就是在走向成功。过早地吃到自己的糖果，过早地屈服于诱惑，只会让自己离成功更远。

现在很寂寞，未来却会很美好

时间最能考验人的意志，困难最能磨练人的意志。在追求事业的过程中，寂寞在所难免，困难和挫折也在所难免。面对这一切，坚守和执著进取的意义显得尤为突出。许多大事之成，不在于力量的大小，而在于坚持了多久。有时候，成功者和失败者的主要区别就在于能否耐得住寂寞。

越王勾践，曾是吴王的阶下囚，沦落到为吴王夫差当马前卒的地步。可如此境遇的他仍然忍辱负重，甘心忍受这寂寞漫长的牢狱之灾，最后，东山再起，打败了吴王夫差。

史学家司马迁，被害入狱，惨遭酷刑。可他没有放弃，而是在狱中独自忍受着寂寞，专心写作，终于完成了我国的第一部纪传体通史——《史记》，从此留名青史。

著名的画家梵高，生前陪伴他的是那大片大片的金黄色的麦田、倒了一只靴子的杂乱的房间、色彩浓烈得让人窒息的向日葵。当时人们不认同梵高的作品，后世却推崇他的价值，他的作品被卖到了天价。

在寂寞中，贝多芬悄然地品尝着生活的不幸，却没有向命运低下那不屈的头颅。所以，他的《命运交响曲》充满着穿透人心、震撼人心的力量。

没有人一辈子都在成功，也没有人一辈子都不会成功。很多人不能成功，并不是因为他没有成功的欲望，而是因为欲望太过强烈，目标太过宏大，心情太过急切。

寂寞，可以让我们有时间仔细审视自己的过去、现在、将来；

寂寞，可以让我们有空间认真地环顾自己的后面、周围、前方；

寂寞，可以让我们有兴趣轻松地面对自己的快乐、悲伤；

寂寞，可以让我们有精神全力地爱护自己的亲人、朋友、爱人；

寂寞，更可以让我们有毅力牢牢地把握自己的人生。

不在沉默中爆发，就在沉默中死亡。今天的沉默只为明天的迸发，现在的寂寞必然能得到将来的成功。

一个母亲生第一个孩子要用10个月，生第二个孩子同样需要10个月。人生如同生孩子，也需要时间，每个人的成功都是如此，所以要有"耐得住寂寞，抵得住诱惑"的良好心态。

每个渴望成功的人都像浮在湖面的鸭子，脚掌在水下不停扑腾，就是为了不沉下去。怎样让自己浮在水面的时间长一点或者永远浮在上边，这是值得创业者思考的。

一个人要耐得住寂寞，耐得住诱惑，还要耐得住压力，这样才能百炼成钢。

寂寞是很多人都要面对的起点，都要经过的阶段，唯一能改变的就是看自己要怎么度过它。有些人能够忍受和战胜这一刻的寂寞、下一刻的寂寞，所以他迎来了成功；而有些人就只能在寂寞的感慨中、怨天尤人中不停地走着。

3. 再坚持一点点，就能把挫折踩在脚下

没有人愿意遭受挫折，但是挫折和失败就像是人生的必修课，在期许和幸福之间，我们难免要经过一条满是荆棘的坎坷之路。

每个人的人生旅途都不可能永远春风得意、事事顺心。由于自身、环境、机遇、天灾、人祸等各种各样的原因，难免会遭受诸如朋友反目、家庭变

故、病魔缠身、蒙冤受屈、考试落榜、应聘失败、用非所学等种种打击。适度的挫折具有一定的积极意义，它可以帮助人们驱走惰性，使人奋进。

一味地逃避挫折只会带来失败的结果，所以我们要做的就是正视挫折、战胜挫折。未经历坎坷泥泞的艰难，哪能知道阳光大道的可贵？未经历风雪交加的黑夜，哪能体会风和日丽的可爱？未经历挫折和磨难的考验，怎能体会到胜利和成功的喜悦？

挫折总是在不断地考验着人们的人生底线，却也无数次地逼出人们的潜能。

在众多的松下电器经销商中，并不是每一个都年年盈利、生意红火的。有一年因经济不景气，很多经销商的生意都处于低谷。有一位经销商经过一段时间的亏损后，如坐针毡。他也曾试着找经营的失败之处，但每次都得不到什么有用的结论。于是，他告诉自己：现在市场景状不好，也许过这一段时间就好了。然而，一看到冷冷清清的店，他的心里就痛苦不已，他甚至怀疑自己不是干这一行的料，几度想放弃这个店。无奈之下，他决定向松下幸之助请教，期望能得到一些改善营运的秘诀。

经销商把经营的模式一个细节不落地告诉了松下。松下听完他的叙述后，说："目前的市场萧条，生意不好，自然不能怪你。不过，我想请问你一个问题，是不是所有店都在亏损呢？"

经销商摇摇头。松下接着说："这就是问题的所在。面对不景气的市场和如此惨淡的生意，你只是一味地发愁，不采取行动解决，这只能说明你已被挫折打倒。总结每一位生意人成功的秘诀，不难发现他们没有一个不是勇于接受种种考验，并且绞尽脑汁地解决问题，最后取得成功的。如今你在此向我请教改善生意的方法，我只能告诉你我没有什么秘诀可提供给你。不过，你最好还是先静下心来仔细地思考一下，把它当作是对自己的考验，然后倾尽全力去做，我相信你会走出一条路来的。"

松下这番发人深思的话给这位经销商带来了很大的震撼。他回去之后，深刻地反思了一下自己，然后召开了全店职工会议，把他向松下幸之助请教的过程告诉了大家，并希望大家都能理解这位"经营之神"的"法宝"，然后去努力奋斗。经过一番闭门苦思之后，经销商携员工们重新布置商店的橱窗，商议出加强服务的措施，并开始了上门推销和上门维修、送货上门等服务。半年的时光过去了，该店不但改善了其经营不善的状况，而且门庭若市，销路愈来愈好，其营业额也呈直线上升趋势。而这位经销商也明显成熟老练了不少，每当人们问他是如何走出低谷时，他总会意味深长地说："我感谢松下先生的宝贵启示，也感谢那些挫折，因为那是上帝赐予我的考验。在接受考验的同时，我也获得了一生受用不尽的法宝。"

挫折对每个人的人生来说，都是一种考验，它考验着一个人的信心和毅力。在面对某个挫折时，你逃避了，它就会无数次地用同一个问题来为难你；当你战胜它的时候，心里会有无尽的成就感，而且每次战胜它，你都会得到非常好的奖励。也就是说，面对挫折，只要你能坚持下来，便有可能反败为胜。

在意志薄弱者面前，挫折犹如一道万丈深渊，会使他们一蹶不振；然而在强者面前，挫折可以化为动力，使他们走向成功。改变命运从战胜困难开始。问世间哪一个成功的人，不是因为战胜了别人不能战胜的困难才得以成功的。所以，每一次挫折都是对你的考验！每一次困难都是对你的挑战！

接受了挫折的考验，成功便在下一站

挫折，顾名思义，是不好的，是难熬的。但是，它更是生活对人们的考验，生活也因为这些挫折而变得精彩。因为，挫折让你一天比一天成熟，一天比一天更接近完美，一天比一天更接近成功。

有一种鹰，它动作敏捷，飞行神速。幼鹰在出世不久，便会奉母亲之命，接受"残酷"的飞行训练。在这个训练的过程中，它们翅膀上大部分的骨骼都会被折去。但是，这种鹰的翅膀骨骼也有着很强的再生能力，只要能忍住剧痛，不断震动翅膀，使翅膀不断充血，不久便可痊愈，翅膀也会因此而变得更加强壮有力。正是一些雏鹰忍住了剧痛，它们才能成功地在空中翱翔。动物尚且如此，何况我们人呢？挫折，是考验，是荆棘。同样的道理，打败了挫折，就等于战胜了考验、走过了荆棘。

挫折是对毅力的磨练，是对勇气的考验。只要我们拥有锲而不舍的毅力，便没有不可征服的高峰；只要我们拥有一往无前的勇气，就没有不可逾越的障碍。让我们笑对挫折、笑对磨难，用挫折和磨难来砥砺自己、提高自己，为自己的人生写出壮丽的篇章。

任何挫折都是上帝包装好的礼物。真的猛士，可以操纵自我心智，跨越道道障碍，打破重重险阻，奋力前行！面对挫折能够虚怀若谷、大智若愚，保持一种恬淡平和的心境，这是彻悟人生的大度。你并非不懂得换位思考，只是过于感慨理想与现实的反差，以至于常常忽略了那反差背后的恩赐。正视挫折，善待挫折，你得到的会更多。

4. 对不确定的未来，请坚持付出

虽然每个人的成功都有运气的成分，但是首先需要人们有勇气去尝试，只有这样，当运气来临时，你才能够抓住机遇。如果没有勇气，不敢去尝试，你永远都不会拥有任何机会。只有拥有勇气的人才不怕风险，而愿冒风险的人也往往有机会得到更好的回报。

你不可能想到，亨利·福特在进军汽车业的前三年破产过两次；美国大百货公司梅西百货曾经7次遭遇转折点，也就是我们所称的"失败"。但是，这些成功者都努力坚持下来了，最后终于取得了成功。所以说，一个人要想成功，就不能惧怕失败，只要冷静地分析失败的原因，寻找突破口，说不定下一次就会有成功来敲你的门。

机遇从来都不喜欢懒汉，也不会欣赏投机者，它总是伴随着勤奋努力的人、勇于开拓的人、持之以恒的人、力求创新的人，只有具备这些，你才可能成为机遇的幸运儿。

一个农民，初中只读了两年，家里没钱继续供他上学，他只好辍学回家，帮父亲耕种三亩薄田。在他19岁时，父亲去世了，家庭的重担全部压在了他的肩上。他既要照顾身体不好的母亲，还要照顾瘫痪在床的祖母。这么

多的困境足以让弱者垂头。

80年代，农田承包到各户。他把一块水洼挖成了池塘，想养鱼。但后来乡里的干部告诉他，水田不能养鱼，只能种庄稼，无奈之下，他只好又把水塘填平。这件事成了村里远近闻名的笑话，在别人的眼里，他是一个想发财但又非常愚蠢的人。

但他没有把这一切看在眼里，又听说养鸡能赚钱，便向亲戚借了500元钱，养起了鸡。但是在一场洪水后，鸡得了鸡瘟，几天内全部死光了。500元对别人来说可能不算什么，但对一个只靠几亩薄田生活的家庭而言，不啻为天文数字。他的母亲禁不起这个打击，忧郁而死。

后来，他酿过酒，捕过鱼，甚至还在石矿的悬崖上帮人打过炮眼，可以说什么活都干过，可这些都没有赚到钱。到了35岁，他还没有娶到媳妇，即使是离异有孩子的女人也看不上他，因为他只有一间土屋，随时都有可能在一场大雨后倒塌。娶不上老婆的男人，在农村是没有人能看得起的。但他就是不放弃，还想搏一搏的他，四处借钱买了一辆手扶拖拉机。不料，上路不到半个月，这辆拖拉机就出了意外，载着他冲入了一条河里。

债台高筑的他断了一条腿，成了瘸子。而那拖拉机，被人捞出来时，已经支离破碎，他只能拆开它，当作废铁卖了。

村里的人更加鄙视他了，都说他这辈子完了。

但是谁也不会想到后来的他竟成了一家公司的老总，手中有两亿元的资产。现在，许多人都知道他苦难的过去和富有传奇色彩的创业经历。许多媒体采访过他，许多报告文学描述过他，给人留下很深印象的是以下这个情节，也正是这个情节说明了一切。

记者问他："在苦难的日子里，你凭着什么一次又一次毫不退缩呢?

他坐在宽大豪华的老板桌后面，慢慢地喝完了手里的一杯水。然后，他把玻璃杯子握在手里，反问记者："如果我松手，这只杯子会怎样?"

记者说："摔在地上，碎了。"

"那我们试试看。"他手一松，杯子掉到地上发出清脆的声音，令大家吃惊的是，杯子并没有破碎，依然完好无损。

接着，他意味深长地说："即使有10个人在场，他们都会认为这只杯子必碎无疑。但是，这只杯子不是普通的玻璃杯，而是用玻璃钢制作的。"

从他的人生经历和他的话语里，我们看出了一个人的决心与勇气是多么伟大。这样的成功者，什么坎坷都不会怕，什么艰险都抵挡不住他前进的步伐。成功不属于这样的人，还会属于谁呢？

有勇气追寻成功的人善于从教训中积累力量，他们不会被困难所威胁，反而会从失败中获得新生。在他们看来，无论是感情上的挫折，还是事业上的坎坷，抑或是选择时的失误，都可以为自己的成长提供最好的经验积累，为自己的内心增添更多的勇气，使他们胜利的决心更加牢不可破。这就是成功者的气魄，勇气是他们成功的最大动力。

生活就是一扇大门，在开启之前，成功与失败都无从断定；但当它对你关闭着的时候，你要迈向成功的第一步就是必须具备敲门时的勇气。如果连敲门的勇气都没有，成功又从何谈起。

具体来说，你要用勇气去做以下几件事情：

（1）锁定目标。

一个人如果没有目标，就像一艘无帆的船，永远漂泊在无边的海上。所以，要想创立一番事业，必须量身订制一个目标。只要拥有目标，机会就会时刻出现在身边。

世上有太多忙忙碌碌的人，他们机械地重复着每天的生活，却从不问自己，到底在做什么？为了什么而活？

在竞争日趋激烈的今天，学会给自己的人生科学地定个目标非常重要。目标是成功的起点，当你明确了人生目标，你便找到了人生的主流，也就找到了奋斗的方向，你的潜力也才能得到充分的发挥。

罗杰·罗尔斯是纽约州第五十三任州长，也是纽约历史上第一位黑人州长。他出生在声名狼藉的大沙头贫民窟，这里可以说是罪恶的发源地。在这里长大成人的孩子，要么是在监狱里，要么就是处于即将步入监狱的状态，只有极少数人获得了较体面的职业。罗杰·罗尔斯就是个例外，他不仅考入了大学，而且还成了州长。在就职的记者招待会上，罗杰·罗尔斯对自己奋斗史只字未提,他仅说了一个非常陌生的名字——皮尔·保罗。

后来人们了解到,皮尔·保罗是他念小学时的一位校长。1961年,皮尔·保罗被聘为诺必塔小学董事兼校长。当时正值美国嬉皮士流行的时代,他走进大沙头诺必塔小学的时候,发现这儿的穷孩子比迷惘的一代还要迷茫,他们旷课、斗殴,甚至砸烂教室的黑板,很有"农民起义"的架势。当罗尔斯从窗台上跳下来走向讲台时,皮尔·保罗说:"我看你修长的小拇指就知道,将来你会成为纽约州的州长。"

罗尔斯非常吃惊,因为长这么大,只有他奶奶让他振奋过一次,说他可以成为五吨重小船的船长。这一次,皮尔·保罗先生竟说他可以成为纽约州的州长,着实出乎他的意料。他记下了这句话,并且相信了它。

从那天起,纽约州州长就成为了他心中的一个目标。从那一天开始,他的衣服变得干净整洁,说话开始彬彬有礼,挺直了腰板走路,还成为了班主席。在以后的40年间,他没有一天不按州长的身份要求自己。51岁那年,他真的成为了州长。

(2)做好准备。

诗人们说:"如果你错过了太阳,决不能再错过月亮;如果你错过了月亮,决不能再错过星星;如果你再错过了星星,那等待你的将只有沉沉的黑夜。"

哲人们说:"不要懊恼于昨天,不要幻想于明天,好好地把握今天。"

圣贤们说:"不怨天,不尤人,下学而上进。"

所有这些话,都说明了一个主题:机遇从来只垂青那些早有准备的人。

机遇对于有准备的人来说,是通向成功之路的催化剂;对于缺乏准备的人来说,却是一颗裹着糖衣的毒剂,在你还沉浸在获得机会的兴奋之中时,它却会给予你沉重的打击,让你懂得没有准备好,就不应该上场。

有一次,一个大规模音乐会的组织者想邀请瑞士钢琴家塔尔贝格出场演出,塔尔贝格问他:"演奏会什么时候开始?"组织者答道:"下个月1号。"

塔尔贝格接着说:"对不起,练习时间不够,我无法参加"。组织者不解地问:"您是钢琴界大师级的人物,难道还需要练习吗?"塔尔贝格说:"我演奏一曲新曲目时,至少要有一个月的时间练习。"组织者又问:"3天时间不够吗？我认识许多音乐家，从来没有一个人为一次并不重要的演奏会而练习4天以上，何况像你这种大师级的音乐家，更没有练习的必要了吧。"

塔尔贝格认真地说："我每次发表新作品，至少都会练习1500次，否则不敢出场演奏。就算一天练习50次，也需要一个月的时间。如果你能等一个月，我很乐意出席演奏。否则很遗憾，我只能拒绝你的邀请。"

世界上最可悲的事是，曾经有一个非常好的机会摆在我面前，可惜我没有把握住。遗憾的是，这种事情在很多人身上都发生过。机会对所有人都是平等的，它有可能降临在我们每一个人的身上，但前提是在它到来之前，你一定要做好准备。

(3)积蓄力量。

楚庄王三年不鸣，志在一鸣惊人；越王勾践用十年的时间卧薪尝胆，为的是有朝一日一洗前耻；亚洲首富孙正义公司濒临绝境之时，恰恰又生了病住院，在医院躺了两年，两年的时间他读了200本书，病好后继续奋斗不止，终成大业。

不管这些人是否离我们已经久远，他们都有一个共同的特点，就是坚韧，善于在沉默中积蓄力量。

沉默的力量来源于内心深处，是没有痕迹的精神锤炼。沉默也许会逼迫自己的灵魂走向更加深刻的孤独，但它也能够让人静下心来观照自己的灵魂深处，不断地积蓄自身的力量。一旦机遇来临，沉默就会爆发出不可估量的力量。

在四川境内有一种奇特的植物——毛竹，它的生长过程可谓自然界一大奇观。该竹在种植期前5年丝毫不长，到了第6年雨季到来的时候，它竟以每天6英尺的速度向上疯长，15天左右，就可以长到90英尺高，并很快在竹林中脱颖而出。更为奇特的是，在它生长的那段日子里，处在它周围10多米内的其他植物皆会停止生长，等到它的生长期结束后，这些植物才能获得生长的权利。这一奇观的谜底最终被揭开。

原来它前5年不是没有生长，只不过是以一种沉默的方式在生长——向地下生根。经过5年默默无闻的"地下工作"，看似柔弱的雏竹，其根系竟然向周围发展了10多米，向地下深扎了近5米。这样的生长方式不仅为它5年后长高打下了坚实的基础，同时也非常强势地"侵占"了周围其他植物根系的发展空间，使它们无法获得生长所必需的水分及养料，所以在第6年雨季到来的时候，毛竹能够以资源垄断的方式独自急长，而此时，周围其他的植物只能是"人在屋檐下，不得不低头"了。

自古雄才多磨难，似乎成了一条定律。在向目标前进的路上，不知要倒下多少人，大浪淘沙，剩下的就成了精英。所以，求知的人要耐得住寂寞，要有把自己放在知识的炉火里炼个三年五载的准备，虽这样未必能拥有一双火眼金睛，但至少会让你更加聪明伶俐。当你默默无闻忍受孤独寂寞的时候，你的力量在增长，你的根基在扎实，等到属于你的雨季来临，你就会像四川的毛竹一样疯长，创造生命的奇迹。

(4)做好规划。

我要在未来5年、10年或20年内实现怎样的职业高度或个人的具体目标？

我要在未来5年、10年或20年内挣到多少钱或达到何种程度的挣钱的能力？

我要在未来5年、10年或20年内拥有怎样的一种生活方式？

以上3个问题你问过自己吗？

美国心理学家利维森认为，在一个青年人的中期(大致相当于我国刚刚大学毕业)，此时人的心智还未完全成熟，这时候的选择并不能永远决定未来的人生。此时，人们正面临着人生的一个巨大的转型期。在这个转型期内，机会与选择总是交织在一起，如果能够抓住机会，选择正确，就可以为一生的成功打下坚实的基础，反之则可能抱憾终生。所以，在进行人生远景规划时，尤其是对于年轻人而言，一定要慎之又慎，争取在第一次规划时就找到自己事业的位置，避免走弯路，耽误自己的人生旅程。

对自己的人生远景进行规划，是把握机会的一个必不可少的前提条件。

在机会面前，处理好以下几个关系至关重要。

①认识自我

要正确地认识自我,首先要接受自我,树立起"天生我材必有用"的价值观。每个人都有自己的天赋,也有属于自己的客观环境。天赋很容易得到发挥,但客观现实却难以改变。因此,首先要接受自我,才能改变自我,最终达到实现自我的目的。做到接受自我的方法如下:正确地对待自己的短处;不要一味地与别人的长处比较;正确地评价自己和别人;树立适当的奋斗目标;增加社会交际;学会调控自己情绪的方法;积极参加各种活动,体验成功。

其次要正确地认识自我,就要学会面对挫折。挫折是一个人需求得不到满足所表现出的一种消极情绪,是大部分人都会经历的人生过程。没有经历过挫折和失败的人生是不完整的人生,人就是在挫折和失败中,不断地认识自我、体验成长的快乐。在人生的道路上,挫折和失败是不可避免的,但是我们完全有办法应对它。应对挫折的办法如下:不要过分计较个人得失;培养积极的人生态度;与知心朋友谈心,寻求帮助;吸取经验教训,越挫越勇。

②深刻了解自己所钟情的领域

远景是一个包括远景知识、远景态度、远景决策和远景规划在内的综合性的概念。在你尚未对一种远景形成良好的认识之前,盲目从众的决策可能会招致入行容易出行难的困境,进而对自己事业的发展形成极大的阻碍。这也正是所谓"男怕入错行,女怕嫁错郎"的真实写照。只不过,随着女性地位的提高,与女性嫁错郎相比,更可怕的是男人入错行。

③做好能屈能伸的准备

青年人有激情、有梦想,所以往往会选择留在大城市,进大公司、大企业。这多半是因为这样的公司待遇高、环境好或机会多。然而,在人才济济的公司或城市,你不可能事事顺心,薪水、住房、上司和志向,总会有其中的某个因素在影响你的情绪。因此,你应当为"受折磨"做好充分的心理准备。

如果说以上三点你都已经做到了,那么就要进行最为关键的一项——人生规划。在做规划时,首先要明确自己的目标,其次要了解如何去实现目标,以及实现目标应该需要什么条件,然后制定清晰实际的计划,在付诸实施中一步步实现自己的理想。

现代社会,规划决定命运,计划带来机遇。人的一生非常短暂,稍纵即逝,越早规划你的人生,你就能越早成功。要想如期实现自己的美好理想,就要先从认识自己开始,做好自己的长短期规划。

(5)培养习惯。

习惯是需要长时间来养成,并且很难改变的行为或倾向。习惯可以通过长时期接触,或有意识地去培养,它有好习惯和坏习惯之分。例如:定期锻炼、勤俭节约、保持微笑,这些都是好习惯;遇事总往坏处想、自卑、懒惰等,这些都是坏习惯。无论什么样的习惯,都会在无形中影响着你的生活,决定着你的人生。

动物用条件反射的方式活着,而人则靠习惯来生活。一个成功的人知道如何培养好的习惯来代替坏的习惯。当好的习惯积累多了,机遇出现的几率自然也就大了。

试想,一个爱睡懒觉、生活懒散又毫无规律的人,他怎么能勤奋工作呢?一个不爱读书,不关心身外世界的人,他怎么能博古通今呢?一个自以为是、目中无人的人,他如何去与别人合作和沟通?一个不爱独立思考、人云亦云的人,他能有多大的智慧和判断力?

所以,在等待机遇时,要在等待中培养以下好习惯:

充分利用业余时间;

每天自我反省一次;

每天坚持一次运动;

想到就做,不要等明天;

随时用零碎的时间来学习;

遇到挫折对自己大声说——"太棒了";

人生字典中没有"不可能"三个字;

不用指责的口吻跟别人说话;

凡事预先作计划,尽量将目标视觉化;

遇事第一反应:找方法,而不是找借口;

每天有意识地真诚地赞美别人三次以上;

不管任何方面,每天必须进步一点点。

把重要的观念方法写下来,并随时提醒自己。

5. 安静专注,坚持循序渐进

中国文化给人的感觉一直是沉稳、含蓄的,就如太极拳般心平气和、不急不躁。《论语》说:"欲速则不达,见小利则大事不成。"但是,当今社会,经济正在高速发展,物质水平不断提高,不少人似乎少了耐心,多了急躁;少了冷静,多了盲目;少了脚踏实地,多了急于求成……在市场经济的大背景下,能按捺住自己躁动的心,守住自己可贵的孤独与寂寞的人越来越少,更多的人开始变得越发浮躁和一定程度的急功近利。

"浮躁"指轻浮,做事无恒心,见异思迁,不安分守己,脾气急躁,总想投机取巧。浮躁是一种情绪,一种并不可取的生活态度。浮躁者对现有目标的专注度不够、耐心度不足,对现有的目标拥有不切实际的想法和希望。

在一些人的心灵深处,总有那么一种力量使他们茫然不安,让他们无法宁静,这种力量就是浮躁。浮躁不仅是人生最大的敌人,也是各种心理疾病的根源。

人浮躁了,就会终日处在又忙又烦的应急状态中,脾气会变得暴躁,神经会越绷越紧,长久下来,就会被生活的急流所挟裹。这种情绪在人的内心里积存下来,久而久之,便会逐渐形成某些人固有的性格,使他们在任何时候、任何环境中都不能平静下来,从而不自觉地在盲目和冲动的情况下做出错误的决定,给自己造成更大的精神压力,让自己越来越急躁,终究形成恶性循环,一发不可收拾。因此,想成就大事者,要心存高远,更要脚踏实地。

对待事情热情饱满,甚至凡事跃跃欲试,并不是什么坏事,生活本来就需要这样一股劲头。如果每天生活得懒散不羁,对人对事毫无热情,生活就会成为一潭死水,毫无生机可言。但是,热情也要讲究方式。热情用在积极的心态上,是一种动力;而人们所表现出的浮躁,则是一种对热情的错误运用。

浮躁的人虽然并不缺乏生活热情，但是却缺少合理分配和利用热情的能力。这类人在处事上常常缺乏理智、容易半途而废、浅尝辄止，易将热情消极化。如梁实秋所说，为迫切完成某事而心浮气躁，就容易导致言行过分，这不仅有碍于人际关系，容易语出伤人，更容易分散心智，影响做事的效率或是错过眼前的良机。

谭传华用一把小小的木梳打开了他的商业市场，成功打造了"谭木匠"的品牌。成功后的谭传华，在成功面前变得有些膨胀和浮躁。因为浮躁，他有过一次失败的投资，这次"出轨"的投资，就是他把目光转向了电视业。

成功后的谭传华在几个朋友的怂恿下，决定投资拍摄方言电视剧《爬坡上坎》。在投资了250万元之后，这部电视剧一度给他带来不小的惊喜：那年春节前，多家电视台打电话预订这部电视剧，以至于公司的两部联络电话"都打爆了"。但是，谭传华"明显感觉到以后还会有更大的买家找上门"，所以他决定再"等一等"。但是春节过后，公司的两部联络电话安静得像两个古董，再没有发出任何声音。无奈之下，谭传华以150万元的价格，勉强将这部电视剧卖了出去。这一次，谭传华损失了100万元。

对于谭传华来说，这是一个教训。他意识到了自己的浮躁，经过再三考虑后，他给自己定下了方向，那就是不能走"多元化"的发展道路，而应专心于他的治木特长。如今，谭木匠加盟店数量已超过了500家，在新加坡、马来西亚等地，也有了该品牌的加盟店。

成功与失败，伟大与平凡，往往就在等待的一念之间。许多成功人士的重要秘诀也就在于他们将全部的精力、心力放在了一个目标上，而且善于等待；而另外还有一些人，他们虽然很聪明，但心存浮躁，做事不专一，缺乏意志和恒心，到头来只能是一事无成。改变浮躁性格可以从以下几个方面来做：

在实践中锻炼耐心。耐心都是锻炼出来的，缺乏耐心也就等于自动丢掉了成功的机会。在生活中多多锻炼自己的耐心，做每一件事时都要学会安下心来，不要总是想着结果如何，要把精力放在如何做好这件事上。

多看有积极意义的电影或书籍。这既能让你放松心情，调节生活节奏，同时也能为你带来更强大的生命动力,让你拥有更多的生活热情。

遇到急事先冷静。焦急的情绪并不能帮你解决任何问题,只有思考才行。思考一下如何做才能最大限度地降低损失,怎么样处理才能较合理地解燃眉之急,然后马上去行动。

学会循序渐进地做事。凡事不可贪大,成功要一步一步来。做事前首先要安下心来,为自己树立起框架,然后从最微小的部分做起,循序渐进,逐渐完成。

有一个小和尚,每次坐禅时都感觉有一只大蜘蛛在他眼前织网,无论怎么赶都不走,他只好求助于师父。师父就让他在坐禅时拿一支笔,等蜘蛛来了就在它身上画个记号,看它来自何方。小和尚照师父交待的去做,当蜘蛛来时,他就在它身上画了个圆圈,蜘蛛走后,他便安然入定了。

当小和尚做完功一看,却发现那个圆圈在自己的肚子上。原来困扰小和尚的不是蜘蛛,而是他自己,蜘蛛就在他心里,因为他心不静,所以才感到难以入定,正像佛家所说:"心地不空,不空所以不灵。"

平静是一种心态。平静在心,在于修身养性,平静无处不在,只要有一颗平静之心。追求平静者,便能心胸开阔,不为诱惑,坦荡自然。

平静是一种幸福,它和智慧一样宝贵,其价值胜于黄金。真正的平静是心理的平衡,是心灵的安静,是稳定的情绪。

6. 坚持"培植快乐",幸福其实很简单

快乐是生命追求的永恒主题,每个人都渴望能够拥有更多的快乐。然而,有些人却活得很累,快乐不起来,他们常常怨天尤人,怪上天不偏爱自己,怪命运多舛,抱怨事业不顺、家庭不和……其实这些都不是影响快乐的决定因素,真正能决定你快乐与否的只有你自己——自己的胸怀,自己的豁达。

生活中的无奈和烦恼总会悄无声息地跟随着我们,虽然我们不能改变

生活本身，但我们可以改变心情。调整好我们的心情，重新审视身边的人、周遭的风景，换个角度看问题，你会得到意想不到的收获和惊喜。

快乐是一本能够让你汲取有益的养分、修补无益伤痕的书，是一首清新雅致的诗，是一首婉转动听的歌，是一幅心旷神怡的书画，能够时刻让人感受到清新的惬意。

只要能正确地审视人生、正视自我，在困难面前不低头，在失败面前不言败，在成功面前仍以平常心自居，快乐就会如影随形，像空气一样融在我们周围。

很多时候，我们不快乐，是因为我们总是对自己拥有的不满意。快乐其实无处不在，只要我们用心去寻找。大胆地用不同的形式使自己快乐，不让心累，活出风姿，活出精彩。

每个人都有人生的低谷和烦恼，只要我们用一个好的心态去从容面对，做到随遇而安、知足而常乐，无论生活给予我们什么，我们都要热爱生活，不被生活中的烦恼所束缚，那么快乐就会与你永生常伴。向快乐出发，让我们试着学会快乐，享受简单的生活，用微笑面对人生。

如何才能使我们获得快乐

微笑：如果你一直使自己的情绪处于低落的状态，例如你肩膀下垂，走起路来双腿仿佛有千斤重，那么你就会真的觉得情绪很差。那么，要怎样改变呢？很简单，你只要深吸口气，抬起头挺起胸，脸上露出微笑，并摆出生龙活虎的架势就行了。微笑和打哈欠同样会传染，如果你真诚地对一个人展颜而笑，他实在无法对你生气。

放松：快乐的人总是这样对自己说：我觉得快乐，我会在各方面干得越来越好，我会越来越快乐。你反复地对自己说一些话，如"我很放松"、"我很平静"等，时间久了，这些话就会进入你的潜意识中。

忆趣：现在，我们一起来尝试一下幻想愉快的心理图像。首先，放松你的下巴，抬起你的脸颊，张开你的嘴唇，向上翘起你的嘴角，对自己说"忆些趣事"。把快乐图像化，像一部电视剧一样对自己播放，这就是愉快的心理图像法。

　　"向快乐出发,世界那么大。任风吹雨打,梦总会到达。"一首普通的歌曲唱出了我们的心声。生命的道路曲曲折折,一路上有鲜花、有荆棘,但是无论什么样的艰难险阻,都不应该是我们退缩逃避的理由。因为挫折是成功的先导,让我们学会微笑,向快乐出发,快乐的背后蕴涵的是坚强,是无可比拟的力量。

　　多看些阳光、健康、快乐、温暖,不是世界温暖了,而是自己的心温暖了。是非还在,恩怨还在,换个心态,便又是另一番风景。走在山水间,结些山水缘,让我们的心灵充满山水的清新与静幽。

　　用微笑的态度处世,用快乐的心情生活。当我们遇到坎坷、挫折时,不悲观失望、不长吁短叹、不停滞不前,把它作为人生中的一次历练,把它看成是一种人生成长中的常态,这样我们才能更好地谱写出自己的人生精彩。

　　境由心生,境随心转。看不开、想不透、做不到是人们的通病。人们容易将别人的事看得如水中倒影般清澈,而一旦涉及到自己,就会有老眼昏花之态。其实,只要能活着看到日月星辰,又何必烦恼呢?快乐是我们自己的事情,只要愿意,我们随时可以调换手中的遥控器,将心灵的视窗调整到快乐频道。

　　在荷兰首都阿姆斯特丹,一座15世纪的教堂废墟上有则留言:"事情是这样的,就不会是那样。"要知道,任何事情一旦发生了,即使不如你的意,你也只能承受那样的结果。

　　接受命运的一些安排,是一般人不可抗拒的选择。若你只会一味地沉浸于眼前的种种不快,那么即使有可行的机会造访,也会被你忽略。因此,面对困难时,理智的做法应该是:千万不要预支明天的不幸!等到不幸确实来临时,更要临危不乱,专注精神尽量补救,才能降低它所带来的损害。

　　纵观古今中外,李嘉诚能顶住当年的经济危机而叱咤商界,海伦·凯勒能在双目失明的情况下写出不朽的著作,罗斯福身患疾病却依然能领导一个国家……这些人,难道不是和我们一样,也曾遭遇过重大的打击吗?但他们为什么又能那么快地站起来,幸福地享受成功的果实呢?

道理很简单，他们都是生活的乐观者，能够在黑暗中看到光明的征兆，挺过艰难的磨练。因为豁达，因为知足，因为不向逆境屈服，所以他们崛起了！

做人需要向前看，即使前面充满了各种未知的危险；做人也需要向后看，感谢命运为你提供的一切帮助和关怀。

为什么我们不能珍惜去自己所拥有的，感谢上天所赐予我们的健康、平安、和睦的家庭、孝顺的子女？薪水虽低，只要不去购买奢侈品，我们还是可以度日的；工作虽不显赫，但是同仁和老板都算和气，办公环境也轻松愉快；奖金虽然没有指望，但医院的健康检查报告显示自己身体一切无恙，而孩子们上学还能拿到前几名……所有的这些，难道不值得你默默地感谢吗？

想要告别不幸，靠别人的帮助和安慰是无效的，因为你的所有情绪都是由自己控制的，只有靠自己想通，并珍惜身边所拥有的，才能坦然地消化并接受所谓的不幸，让自己开怀起来。

快乐需要自己去培植，需要用心去体会。如果我们用心去体会，濛濛细雨会给我们欣喜，习习凉风会给我们惬意，万里晴空会给我们舒畅，一句简单而朴实的问候传递的是友好，一个无言而坚定的眼神传递的是鼓励，一次有力而温暖的握手传递的是支持……哪怕递给我们的只是一杯白开水，这里面也蕴涵了浓浓的关爱。

生活其实一直都被幸福包围着，只要我们用心去体会，快乐便时常和我们相伴。